作りたい！からはじめる

気ままに フォトショ

+Photoshop 基本ガイド付き

中田麻里絵
コネクリ ／共著

JN223402

books.MdN.co.jp

MdN
エムディエヌコーポレーション

はじめに

Photoshopには興味があるけど、複雑で難しそう……。

もしかすると本書を手に取ってくださった方の中に、そう思われている方もいらっしゃるかもしれません。そんな私も、初めてPhotoshopの画面を開いたときは「わぁ、ボタンがたくさんあって、何を使ったらいいかわからない……。」と思ってしまいました。

それと同時に、Photoshopというソフトが使えることに、とてもワクワクしたことも覚えています。なんだか、なんでも作れる魔法の道具を手に入れたような気持ちでした。

Photoshopはプロの現場でも使用される本格的な画像編集のソフトウェアです。ポスターなどに使われる写真をよりきれいにみえるように調整・加工したり、複数の写真を合成してコラージュと呼ばれる作品を制作したりするなど、主に写真の編集を行うことができます。それだけではなく、洋画のタイトルのようなカッコいい文字の加工や、本格的な絵画やイラストも描けるなど、幅広い分野を扱うことができます。多くの機能が備わっているからこそ、一見すると複雑で難しそうにも思えてしまうでしょう。

私は社会人になってからグラフィックデザインの分野に興味を持ち始め、仕事をしながらデザインの知識や、デザインに必要なソフトウェアであるIllustrator、Photoshopなどの使い方を勉強しました。仕事もあり、限られた時間の中でPhotoshopの使い方を覚えるうえで大切にしていたことは「楽しみながら作りたいものをどんどん作ってみること」でした。この経験から「やってみたい」という気持ちは、新しいことを始めて、継続していくうえでの大きな原動力だと考えています。

だからこそ本書は、「作ってみたいもの」「やってみたいこと」からPhotoshopの操作が覚えられるように構成を考えました。複雑な操作なしで簡単に、おしゃれに写真を加工できるサンプルをたくさん用意しています。もっと知りたいと思った機能は「ガイド」を参照していただけるとより知識も深まります。

ぜひ「作りたい！」というワクワクした気持ちを大切に、Photoshopの世界を楽しんでいただけたら嬉しいです。

著者を代表して
中田麻里絵

CONTENTS

Photoshopを使う前に

作りたい! からはじめる
Photoshop

CHAPTER 01

風景の写真を
魅力的にする

▶ 030

01
明るく鮮やかにする

▶ 032

02
モノクロにする

▶ 034

03
セピア調にする

▶ 035

04
色合いの印象を変える

▶ 038

05
デュオトーンにする

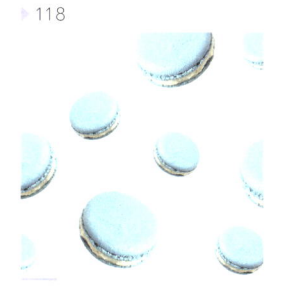

困ったときはここをチェック！
Photoshop基本ガイド

この本の使い方

この本は、大きく二つのPARTに分かれています。前半の作りたい！からはじめるPhotoshop
と後半の基本ガイド部分です。作りたいものから逆引きで読めるので、どこから読んでもOKです。
もっと応用したい！ここがもっと知りたい！と思ったときに基本ガイドを参考にしてください。

作りたい！からはじめるPhotoshop

作りたいものから逆引きできるPARTです。どこから読んでもOK！

タイトル
作例別のタイトルになっています。

QRコード
このページで扱っているテーマの解説を動画で見ることができます。

練習用ファイル
このページで使用するデータの名前です（ダウンロードすることができます）。

もっと詳しく
さらに詳しく解説しているガイド部分に飛ぶことができます。

ショートカットキー
Mac（Windows）の順で掲載しています。

ポイント
困ってしまいがちなポイントを解説しています。

Photoshop基本ガイド

機能を詳しく解説したPARTです。
前のpartからもっと知りたいとき
に役立ちます！

タイトル
知りたいこと、機能別のタイトルになっています。

ポイント
同じく困ってしまいがちな
ポイントを解説しています。

Photoshop
を使う前に

最初に、Photoshopを使うために
最低限知っておいた方がいい、知識を紹介します。
PhotoshopとIllustratorの違いは？
間違えてパネルを消しちゃった！
そんな疑問&お困りを解決!!
気持ちよくPhotoshopを設定していきましょう！

Photoshop（フォトショップ）とは？

Photoshopでできること

Adobe Photoshop（アドビ フォトショップ）とは、アドビ社が提供している画像編集ソフトウェアです。

Photoshopでは、主に下記のようなことを行うことができます。

画像の明るさ、色の調整

不要なオブジェクトの削除

合成写真の作成

文字の加工

簡単なレイアウトデザイン

簡単な動画編集

Illustratorとは何が違う？

同じアドビ社が提供しているソフトウェアの中に「Illustrator」というソフトがあります。
グラフィックデザインを行う際にPhotoshopと並んでよく使用されるソフトですが、どの
ような点が違うのでしょうか？

	Photoshop	Illustrator
データの形式	**ラスターデータ** 小さなピクセル（四角）の集合体で画像を表現するデータ形式。 拡大すると１つ１つのピクセルを確認できる。	**ベクターデータ** 点や線を座標で計算して数値として描写するデータ形式。 拡大しても滑らか。
使用される場面	写真の補正や合成、イラストの作成など	ポスター、チラシなどのレイアウトのデザイン、ロゴのデザインなど

Photoshopはどこで手に入る？

Adobe Photoshopは、アドビ社から提供されているサブスクリプションを契約することで使用することができます。以前は買い切り型のソフトも販売されていましたが、現在はサブスクリプション形式のみが提供されています。

アドビ社が提供する20以上のソフトウェアが使用できる「Creative Cloudコンプリートプラン」、Photoshopのみが使用できる「単体プラン」、PhotoshopとLightRoomという2種類のソフトが使用できる「フォトプラン」のいずれかを契約するとPhotoshopを使用することができます。

ソフトのダウンロードはすべてインターネット上で行います。

詳しくはアドビ公式ホームページで確認してください。

アドビ公式ホームページ：
https://www.adobe.com/jp

☑ まずは無料体験からはじめよう！

アドビ公式ホームページにアクセスし、メニューバーの「クリエイティビティとデザイン」→「Creative Cloudとは？」を選択すると、無料体験の案内が表示されます。

Creative CloudではPhotoshopのほか、アドビ社が提供するさまざまなソフトを7日間無料で体験することができます。

Photoshop単体を使用したい場合には、Photoshopの単体プランの無料体験も可能です。ソフトの使い勝手を確認できるよいチャンスなのでぜひ活用しましょう。

Photoshopを起動しよう！

ダウンロードが完了したら、さっそくPhotoshopを起動させてみましょう。

Mac

「Launchpad」→「Photoshop」をクリックします。

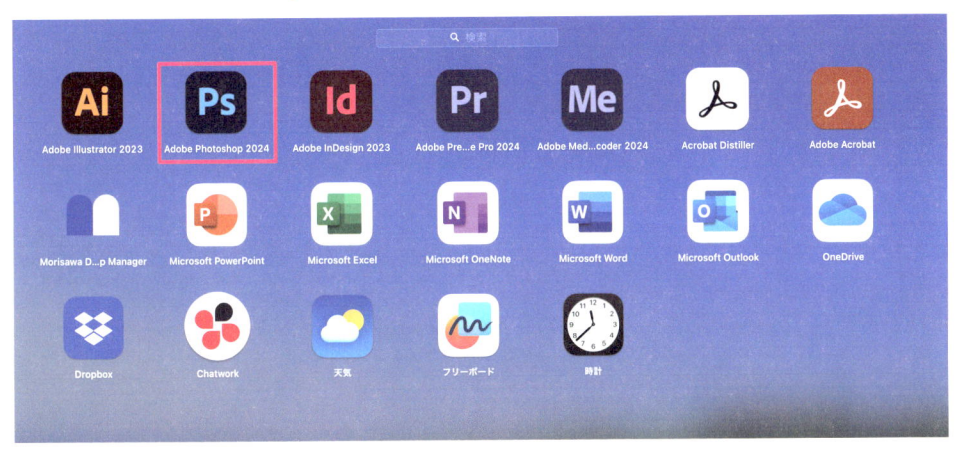

Windows

「スタート」をクリックして、「すべてのアプリ」→「Photoshop」をクリックします。

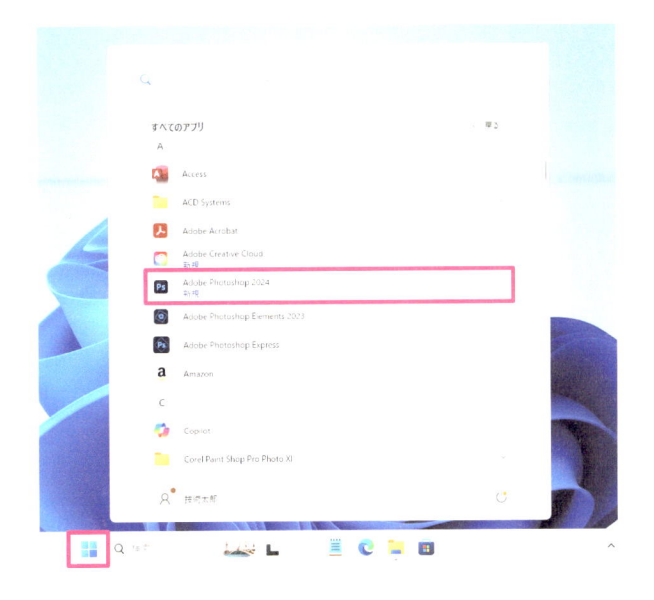

Photoshopで画像を開こう！

「.psd」（フォトショップデータ）は、フォルダ内のアイコンをそのままダブルクリックすると Photoshopで画像データを開くことができます。「.jpg」や「.png」の拡張子の画像データは、データから Photoshopを選択して開きます。

◆Photoshop内から開く

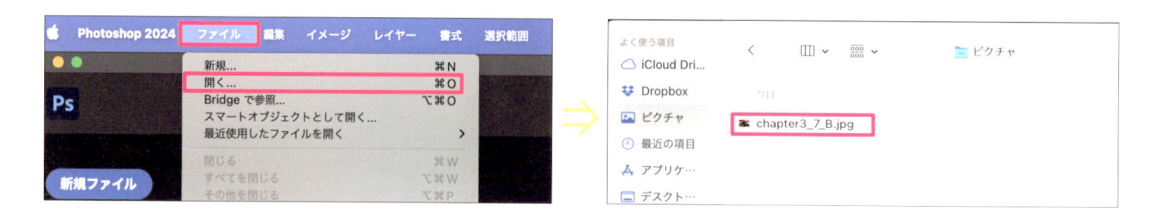

1 画面上部のメニューバーの「ファイル」→「開く」を選択します。

2 開きたい画像をダブルクリックします。

◆開きたい画像からPhotoshopを指定する

Mac

1 Finderで画像データを表示します。

2 開きたい画像の上で右クリック→「このアプリケーションで開く」→「Photoshop」を選択します。

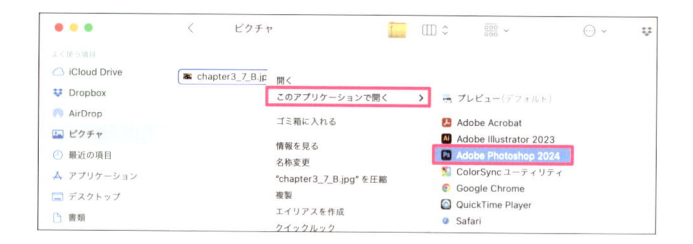

☑ MacはデスクトップのアイコンにドラッグしてもOK

Macの場合は、デスクトップ上のPhotoshopのアイコンに画像をドラッグすることでも開くことができます。デスクトップを表示して、開きたい画像が含まれているフォルダを表示し、画像データをデスクトップ上のアイコンにドラックします。手順が少なく画像が開けるのでおすすめです。

Windows

1 エクスプローラーで画像データを表示します。

2 開きたい画像の上で右クリック→「プログラムから開く」→「Photoshop」を選択します。

サイズを指定して新しいカンバスを作る

バナーや名刺の制作など、あらかじめサイズが決まっているものを制作する場合には、サイズや解像度を指定して新しいカンバスを作成します。

1 Photoshopを起動し、「新規ファイル」をクリックします。

2 A4やA5サイズなど、よく使用されるサイズは **1** の枠内のカテゴリーから簡単に選ぶことができます。カテゴリー内にはないサイズや設定をカスタマイズしたい場合は、**2** の枠内で設定を行います。

Photoshopの画面の見方

実際に画像を開いた後のPhotoshopの画面になります。
ここに書いてあるものがない場合は、画面上部のメニューバーの「ウィンドウ」から名前を探して、表示のチェックがついているかを確認しましょう。

1 メニューバー

加工などを行う際に使用する機能や保存、開くなどの機能がまとまっています。

2 オプションバー

使用しているツールの詳細な設定が行えます。ツールによって表示される内容が変わります。

3 ツールバー

画像に直接加工を加えたり、描写したり、文字を入力したりするツールがまとまっています。

4 ドキュメントウィンドウ（カンバス）

編集を行っている画像が表示されます。

5 パネル

画像編集を行う際に効果を追加したり、詳細な設定を行ったりすることができます。

6 コンテキストタスクバー

次に行われる作業を予測し、使用される可能性が高いメニューが表示されます。

⊘ パネルは自由に組み替えることができる！

パネルのタブをクリックしたまま外に引き出すと、そのパネルだけを外に抜き出すこともできます。

また逆に、外に出したパネルの名前が書いてある部分をクリックしたまま、他のパネルのタブ部分に持ってくると、パネルをまとめることもできます。

このようにカスタマイズができるので、操作に慣れてきたら自分が使いやすいようにパネルの組み合わせを変更するのもおすすめです。

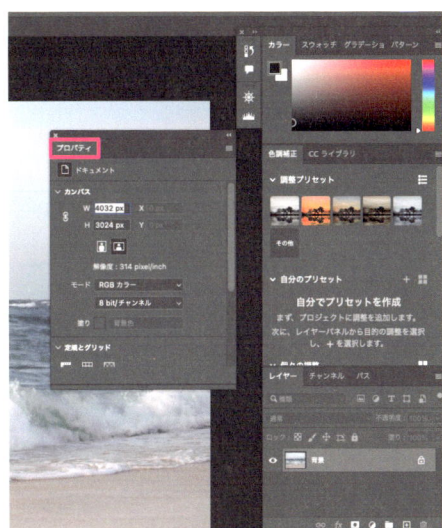

⊘ 間違えてパネルを消してしまったら

画面上部のメニューバーの「ウィンドウ」内に、パネルがすべて収まっています。間違えて消してしまったときも、ここから選択すればまたパネルを表示させることができます。

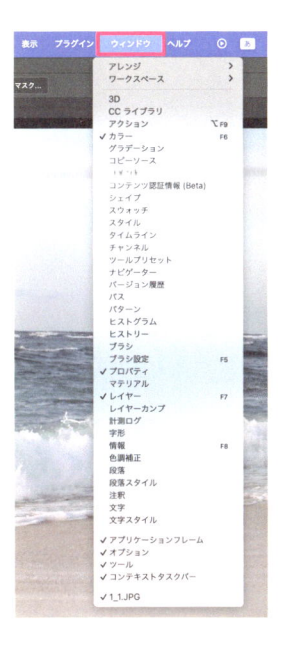

インターフェイスや使用環境をカスタマイズする

Photoshopの操作画面の色を変更したり、細かな使用環境をカスタマイズしたりすることも可能です。
Photoshopを使用するうえで必ずしも設定が必要な項目ではありませんが、確認しておきましょう。

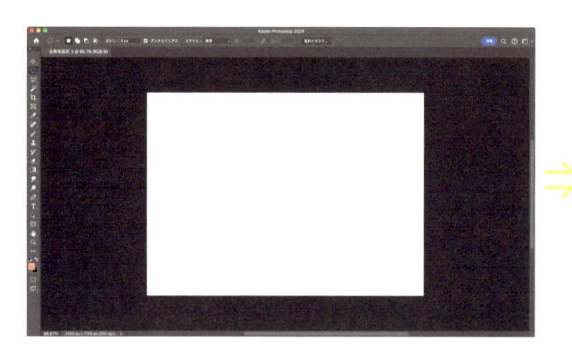 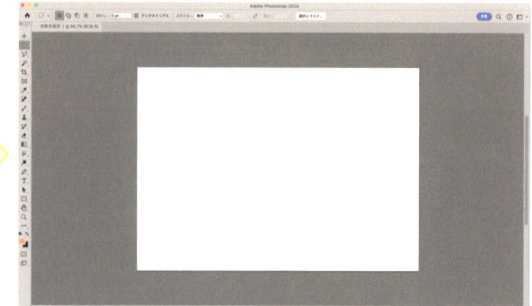

Mac
画面上部のメニューバーの
「Photoshop 2024」→「設定...」
→「一般...」を選択します。
ショートカット：command + K
※「Photoshop」のあとの数字は、
　使用しているバージョンによっ
　て異なります。

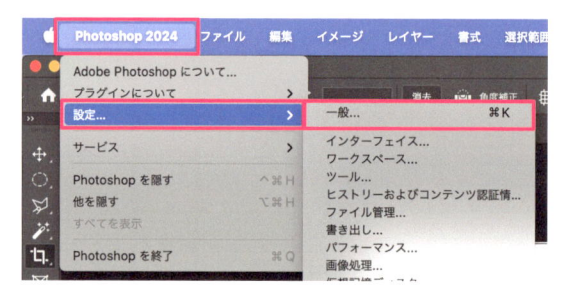

Windows
画面上部のメニューバーの「編集」
→「環境設定」→「一般...」を選
択します。
ショートカット：Ctrl + K

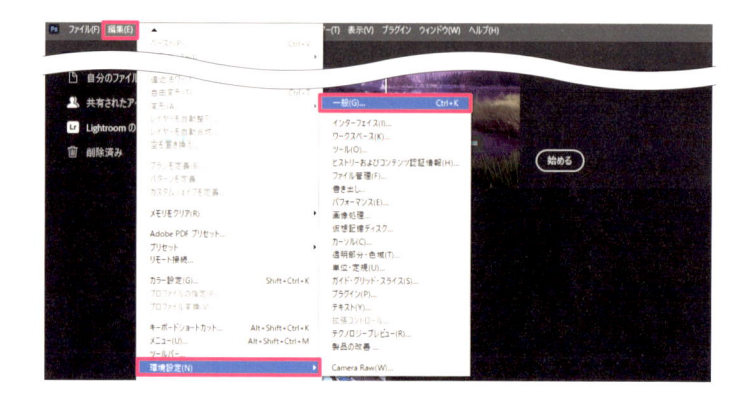

表示されているパネルやツールを初期化する

組み替えたパネルをもとの状態に戻したり、間違えて消してしまったりしたときには、
簡単に初期の状態（初期設定）に戻すことができます。

1 画面上部のメニューバーの「ウィンドウ」→「ワークスペース」より「初期設定」を選択します。

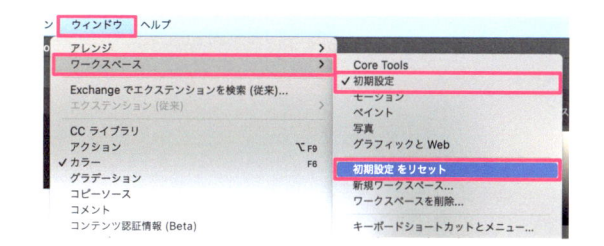

2 「初期設定をリセット」をクリックして初期化します。

☑ **表示画面・ツールが本書と違う場合、「初期設定」になっているか確認しよう！**

ワークスペースの種類によって、画面上に表示されるツールやパネルが異なります。
本書で紹介しているツールやパネルは「初期設定」で表示されているものです。使っている環境が本書の画面と異なる場合は、上記の方法で初期の状態に戻しましょう。

ワークスペース「グラフィックと Web」

ワークスペース「写真」

画像内を移動する

1 space を押すと、カーソルが手のひらのアイコンに変わります。

2 そのまま画面上をドラッグすると、画面内を簡単に移動できます。

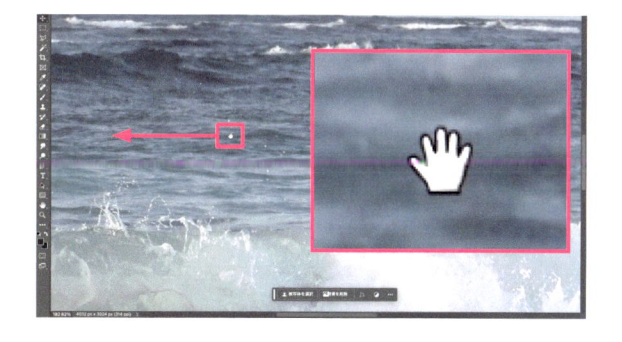

☑ **ツールバーから選んでも同じことができる！**

space は「手のひらツール」🖐 と呼ばれるツールのショートカットキーです。
「手のひらツール」🖐 は、画面左のツールバーからも選択できます。

画像の表示サイズを変更する

画面表示をもっと大きく拡大する、逆に小さく縮小して表示させる方法を紹介します。
ズームツール、キーボードとマウス、ショートカットキーなどを利用できます。

◆ズームツールを使用する

1 画面左側のツールバーの下部にある「ズームツール」 🔍 を選択します。
ショートカット：Ｚ

2 画面を拡大したい場合は、そのまま拡大したい箇所をクリックします。
縮小したい場合は、option（Alt）を押したままクリックします。

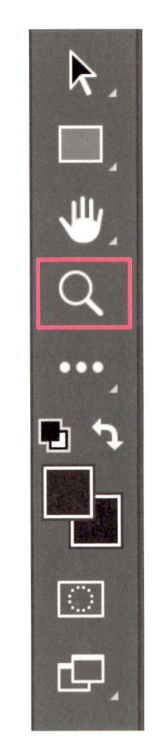

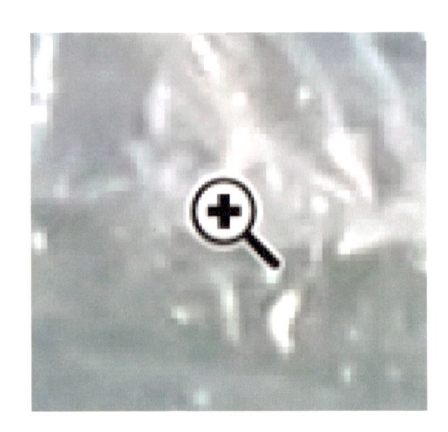

拡大

縮小

◆キーボードとマウスを使用する

Option（Alt）を押したまま、マウスのホイールを前や後ろに回します。Macのマジックマウスの場合でも、マウスの真ん中あたりを指で前や後ろになぞります。
前にホイールを回すと画面が拡大され、後ろに回すと縮小されます。簡単な操作で表示サイズを変更できるのでとても便利です。

マウス　　マジックマウス

⊘ 表示サイズを変更させる便利なショートカット

ショートカット：
command + 0 （数字）
（ Ctrl + 0 ）

ウィンドウいっぱい中央に
画像を表示します。
画像全体をすぐに確認でき
るのでとても便利です。

ショートカット：
command + 1 （数字）
（ Ctrl + 1 ）

画像を100％の拡大率で表
示できます。サイズ感を確
認する際などに役立ちます。

「レイヤー」について

「レイヤー」とは

Photoshopで作業を行う場合は、「レイヤー」への理解がとても大切になります。
「レイヤー」は、透明なフィルムが何層にも重なっている階層をイメージするとわかりやすいかもしれません。左下のサンプル画像を例に見てみましょう。1枚の画像のように見えている左下の写真も実は以下の3つの「レイヤー」（階層）からなっています。

1 背景にあるお花畑の画像の階層
2 たんぽぽだけの画像の階層
3 「SPRING」という文字の階層

この階層は「レイヤー」パネルで確認することができ、1つ1つの階層の重なりの順番も「レイヤー」パネル上で表示されている順番と連携しています。

◆「レイヤー」の順番

「レイヤー」は重なっている順番もとても大切になります。

例えば、サンプル画像の「たんぽぽのレイヤー」と「文字のレイヤー」の順番を入れ替えてみると、最初は全部見えていた文字が、

たんぽぽに隠されて一部見えなくなってしまいます。

画像の一部が表示されていないように見えたり、すべてが見えなくなってしまったりする場合は、「レイヤー」の重ね順が原因であることも多々あります。

Photoshopで作業を行うときには「レイヤー」パネルを見て、「自分が加工を加えたいレイヤー」が選択されているか、重ね順は意図したとおりになっているかをしっかりと確認するようにしましょう。

「レイヤー」の重ね順を変える

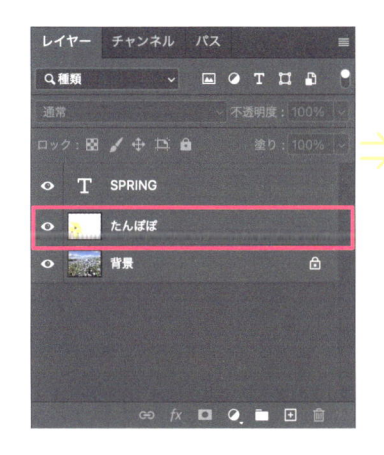 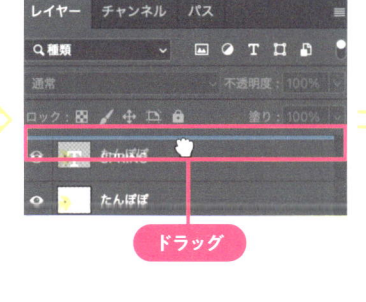 

1 「レイヤー」パネル内の「順番を変えたいレイヤー」をクリックしたまま、上または下にドラッグします。

2 入れ替える場所に青い線が表示されます。青い線が表示された状態でマウスから手を離すと「レイヤー」の順番を入れ替えることができます。

「レイヤー」を増やす

1 「レイヤー」パネル下部
の「新規レイヤーを作成」
□ をクリックします。

2 「新しいレイヤー」が、「も
ともと選択されていたレ
イヤー」の上に追加され
ます。

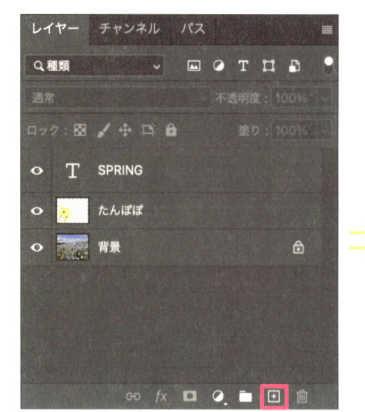 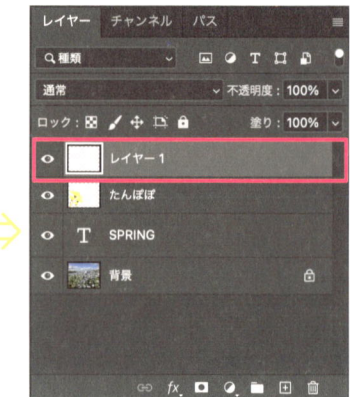

「不要なレイヤー」を削除する

1 「削除したいレイヤー」を「レイヤー」パネル内で選択し、「レイ
ヤーを削除」🗑 をクリックするか、「レイヤー」をクリックした
まま 🗑 までドラッグします。

複数の「レイヤー」を一度に削除したい場合は、command（Ctrl）
を押したまま複数の「レイヤー」をクリックして選択してから削
除します。

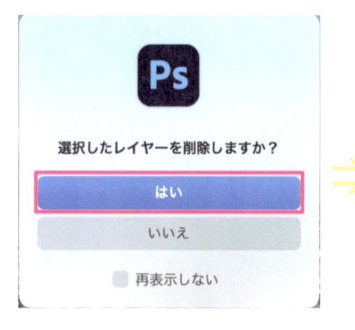 

2 警告が表示されたら「は
い」を選択すると、「レイ
ヤー」を削除できます。

作りたい！から
はじめる
Photoshop

ここからは、いよいよPhotoshopを
使っていきましょう！
初めから順番に読んでも、自分の作りたいこと、
やってみたいことから読んでもOK！

ダウンロードデータについて

本書の作例に使用している.psdデータを以下のURLもしくはQRコードから
ダウンロードすることができます。一緒にPhotoshopを使ってみましょう！

https://books.mdn.co.jp/down/3224303006/

1　上記URLをアドレスバーに打ち込んでください。
2　「kimamaniPhotosho」をクリックします。
3　zipを解凍してデータを開きます。
4　CHAPTERごとにフォルダが分かれています。

1　URLをアドレスバーに打ち込んでください

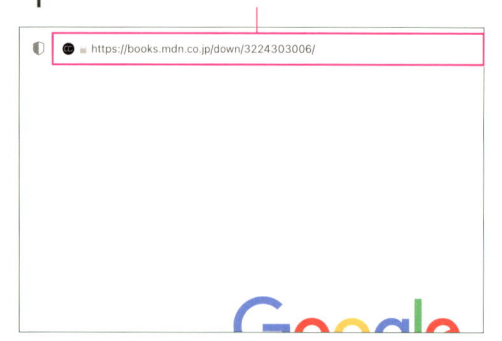

2

作りたい！からはじめる　気ままにフォトショ　購入者限定ダウンロードデータ

本書で使用している画像データを練習用としてダウンロードすることができます！

ダウンロードはこちら

kimamaniPhotosho

・本書のすべての内容は、著作権法上の保護を受けています。著者、出版社の許諾を
得ずに、無断で複写、複製することは禁じられています。

・本書のデータの著作権は、すべて著作権者に帰属します。
複製・譲渡・配布・公開・販売に該当する行為、著作権を侵害する行為については、
固く禁止されていますのでご注意ください。

3

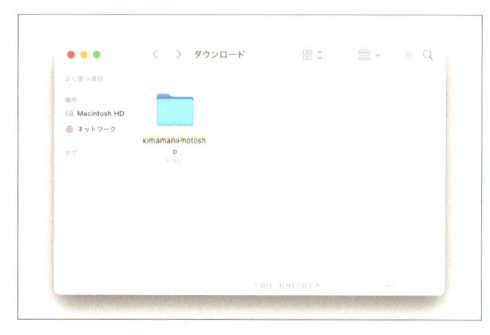

4

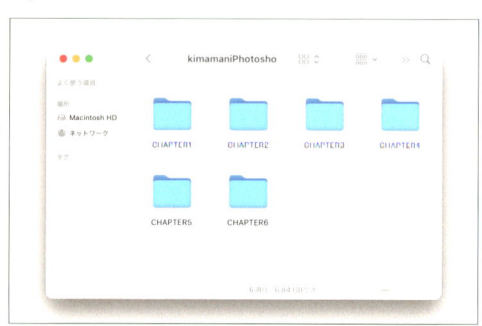

風景の写真を魅力的にする

クレーンを消したり、背景を伸ばしたり、
Photoshopで一度はやってみたい
風景でのやりたいことが
詰まった章です。

動画でチェック!

01 明るく鮮やかにする

少し暗い印象の画像を、明るくて鮮やかな色合いに整えましょう！

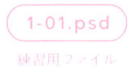
1-01.psd
練習用ファイル

AFTER

BEFORE

STEP 1 画像を明るくする

1 「調整レイヤー」の 「レベル補正...」を選択する

画像を開いたら、「レイヤー」パネル下部の「塗りつぶしまたは調整レイヤーを新規作成」をクリックし、「レベル補正...」を選択します。

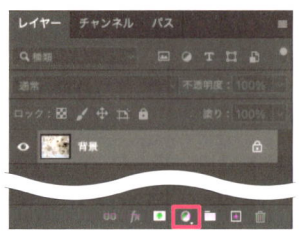
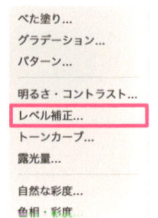

2 明るさを調整する

表示されたパネル内の「入力レベル」と呼ばれる3つのスライダーの数値を調整します。基本的にはスライダーを左に動かすと画像は明るく、右に動かすと暗くなります。
ここでは、「中央（中間調）：1.30」❶、「右側（ハイライト）：230」❷に設定します。

「レベル補正」についてもっと詳しく ➡ p.166

3

画像が明るくなりました。

STEP 2 画像を鮮やかにする

1 「調整レイヤー」の 「色相・彩度...」を選択する

「レイヤー」パネル内、「背景レイヤー」を
選択し、「レイヤー」パネル下部の「塗りつ
ぶしまたは調整レイヤーを新規作成」 を
クリックして、「色相・彩度...」を選択します。

2 彩度を上げて鮮やかにする

表示されたパネル内の［彩度］のスライダー
を動かして鮮やかさを調整します。
左へ動かすほど彩度が低くなり、右へ動かす
ほど高くなります。
ここでは［+50］に設定します。

「色相・彩度」についてもっと詳しく → p.170

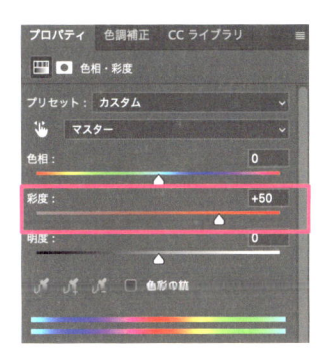

3

画像が鮮やかになりました。

FINISH!

02 モノクロにする

カラーの画像を、スモーキーでレトロな印象のモノクロに加工してみましょう！ 1-02.psd
練習用ファイル

AFTER

BEFORE

STEP 1 ぼかしを加える

1 画像を「スマートオブジェクト」に変更する

「フィルター」を使った加工は、そのまま適用すると再編集ができません。「スマートオブジェクト」に変換することで、フィルターを何度も調整することができます。加工したい画像を開いたら、「画像のレイヤー」の上で右クリック→「スマートオブジェクトに変換」をクリックします。

「スマートオブジェクト」に変換すると、「レイヤー」パネル内の画像のサムネイルにアイコンが追加される

2 「ぼかし」を選択する

フィルムカメラのようなアナログのテイストを加えるために写真を少しぼかします。画像上部のメニューバーの「フィルター」→「ぼかし」→「ぼかし（ガウス）...」を選択します。

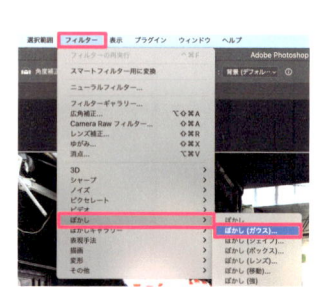

3 「ぼかし」を設定する

表示されたダイアログ内の［半径］の数値を
設定します。半径が大きいほど、ぼかしが強
くなります。
ここでは［2.0pixel］に設定します。

STEP 2 モノクロにする

1 「調整レイヤー」の「白黒...」
を選択する

続いて、「レイヤー」パネル下部の「塗りつ
ぶしまたは調整レイヤーを新規作成」 をクリックし、「白黒...」を選択します。

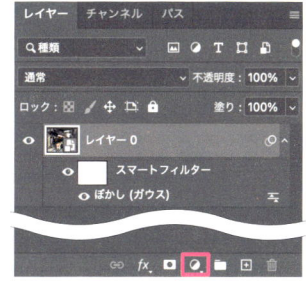

2 プリセットを「ブラック（最大）」
にする

表示されたパネル内の［プリセット］のプル
ダウンから［ブラック（最大）］を選択します。
自動でシャドウが強調されたモノクロに調整
されました。

他のプリセットを選択したり、それぞれのカ
ラーについてのスライダーを動かすと、モノ
クロの雰囲気をより細かく調整することがで
きます。

「白黒」についてもっと詳しく → p.172

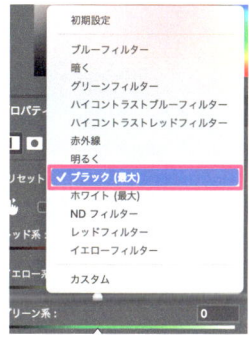

FINISH!

動画でチェック!

---

03 セピア調にする

カラーの画像を、ノスタルジックな印象のセピア調に加工してみましょう！

1-03.psd
練習用ファイル

AFTER

BEFORE

STEP 1 **セピア調にする**

1 「調整レイヤー」の 「色相・彩度...」を選択する

画像を開いたら、「レイヤー」パネル下部の「塗りつぶしまたは調整レイヤーを新規作成」をクリックし、「色相・彩度...」を選択します。

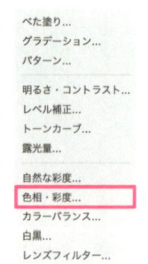

2 プリセットを［セピア］にする

表示されたパネル内の［プリセット］のプルダウンから［セピア］を選択します。
パネル内の「彩度」「明度」のスライダーを動かすことで、より細かく調整することもできます。

「色相・彩度」についてもっと詳しく ➡ p.170

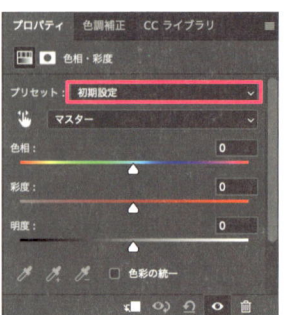
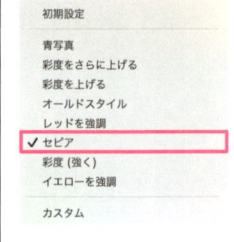

FINISH!

04 色合いの印象を変える

グラデーションを使って、違った印象の色合いに仕上げましょう！

1-04.psd
練習用ファイル

AFTER

BEFORE

STEP 1 グラデーションレイヤーを作成する

1 「調整レイヤー」の「グラデーション...」を選択する

画像を開いたら、「レイヤー」パネル下部の「塗りつぶしまたは調整レイヤーを新規作成」 をクリックし、「グラデーション　」を選択します。

2 「グラデーションエディター」を開く

「グラデーションで塗りつぶし」ダイアログ内の［グラデーション］部分をクリックします。

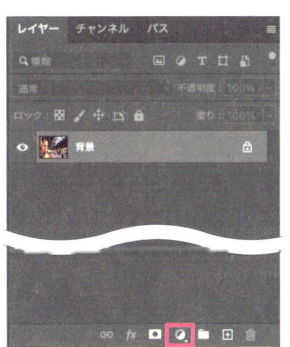

3　グラデーションの色を決める

「グラデーションエディター」ダイアログで
グラデーションの色合いを選択します。
ここでは、[プリセット] → [ブルー] から [青
_27] のグラデーションを選択し、《OK》を
2回クリックします。

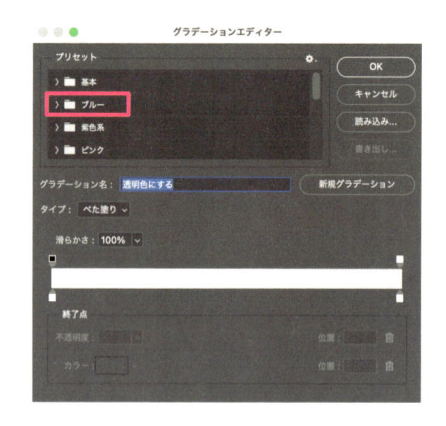

⊘ 同じグラデーションが見つからない時は

「グラデーションエディター」ダイアログ内で色を指定でき
ます。カラーバー下の四角いアイコンをダブルクリックし、
色を選びます❶。ここでは、左端の色を [青（#330d69）] に、
右端の色を [水色（#30c9cd）] に設定しています。
グラデーションが半透明になっている場合には「不透明度」
を確認します。カラーバー上の四角いアイコン❷をクリック
し、ウィンドウ内の「不透明度」を [100％] に変更しまし
ょう❸。

4

「グラデーションの塗りつぶしレイヤー」が
追加されました。

STEP 2　描画モードと不透明度を変更する

1　[描画モード]を[スクリーン]にする

「レイヤー」パネル内で「STEP1」で追加した「グラデーション1レイヤー」を選択し、プルダウンから[描画モード]の[スクリーン]を選択します。

📖 「描画モード」についてもっと詳しく ➡ p.174

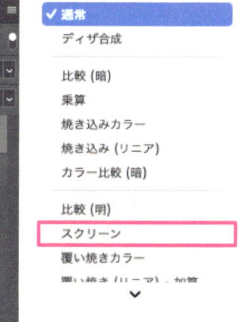

2　不透明度を変更する

「レイヤー」パネル内の不透明度を[70％]に設定します。
不透明度の数値を小さくすると、下の「レイヤー」がより透けて見えるようになります。
ここでは、「グラデーションレイヤー」の効果を少し和らげるために不透明度を設定します。

3

画像の色合いが変わりました。

FINISH!

動画でチェック！

05 デュオトーンにする

暗い部分と明るい部分に色を重ねて、デュオトーンを作りましょう！

1-05.psd
練習用ファイル

AFTER

BEFORE

(STEP 1) グラデーションマップを適用する

1 「調整レイヤー」の「グラデーションマップ...」を選択する

画像を開いたら、「レイヤー」パネル下部の「塗りつぶしまたは調整レイヤーを新規作成」をクリックし、「グラデーションマップ...」を選択します。

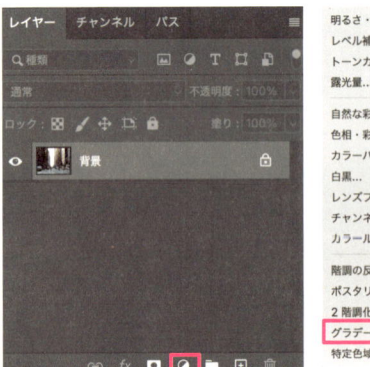

2 「グラデーションエディター」を開く

「プロパティ」パネル内のバーをクリックし、「グラデーションエディター」を開きます。

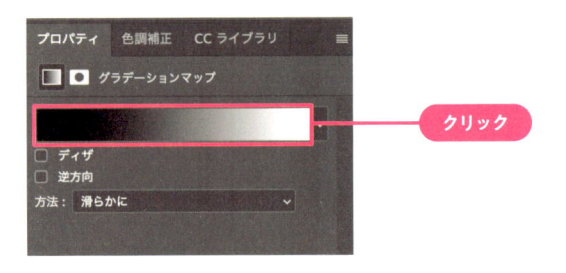

クリック

3　「カラーピッカー」を開く

グラデーションの下にある四角いアイコンを
ダブルクリックし、「カラーピッカー（ストッ
プカラー）」ダイアログを開きます。

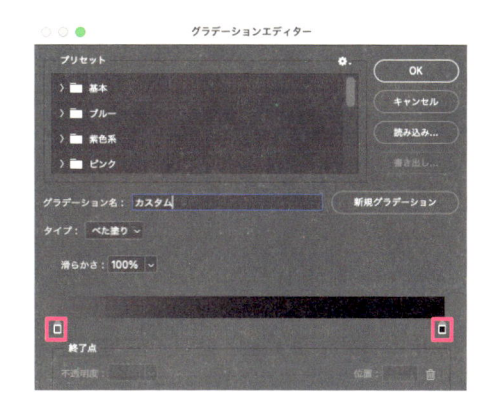

4　グラデーションを設定する

画面上の色をクリックすることでも設定でき
ますが、色の番号を直接入力して指定するこ
ともできます❶。
ここでは、グラデーションの右側を［黄
（#ffff66）］に、左側を［紫（#6600ff）］に
設定し、《OK》❷をクリックします。
グラデーションの左側を暗い色に、右側を明
るい色に設定してコントラストを強くするこ
とがきれいに仕上げるためのポイントです。

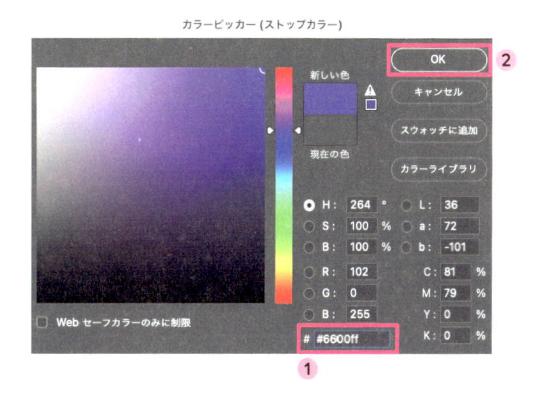

5

画像をデュオトーンに加工することができま
した。

FINISH!

06 絵画風にする

画像にフィルターをかけて絵画風に加工しましょう！

1-06.psd
練習用ファイル

AFTER

BEFORE

STEP 1 ｜ ぼかしのフィルターをかける

1 画像を「スマートオブジェクト」に変更する

「フィルター」を使った加工は、そのまま適用すると再編集ができません。「スマートオブジェクト」に変換することで、フィルターを何度も調整することができます。
加工したい画像を開いたら、「画像のレイヤー」の上で右クリック→「スマートオブジェクトに変換」をクリックします。

「スマートオブジェクト」に変換すると、「レイヤー」パネル内の画像のサムネイルにアイコンが追加される

2 「ぼかし」を選択する

手書きの風合いを出すために画像にぼかしをかけます。
画面上部のメニューバーの「フィルター」→「ぼかし」→「ぼかし（ガウス…）」を選択します。

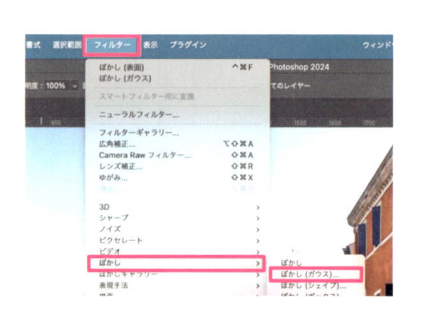

3 「ぼかし」を設定する

表示されたダイアログ内の［半径］の数値を
設定します。半径の数値を大きくするほど、
ぼかしの度合いも強くなります。
ここでは［4.0pixel］に設定します。

4

画像にぼかしがかかりました。

(STEP 2)　**フィルターギャラリーを適用する**

1 「フィルターギャラリー...」を
　　選択する

画面上部のメニューバーの「フィルター」→
「フィルターギャラリー...」を選択します。

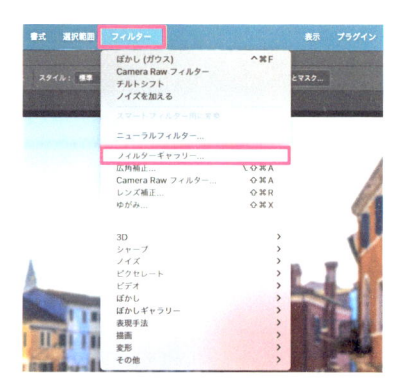

2 ［水彩画］フィルターをかける

表示されたダイアログ内の［アーティスティック］の項目から［水彩画］を選択します。ここでは［ブラシの細かさ：2］、［シャドウの濃さ：0］、［テクスチャ：2］に設定します。

3 ［ドライブラシ］フィルターを追加する

さらに手書き感を加えるために［ドライブラシ］フィルターを追加します。
画面右下の をクリックしてフィルターを追加します❶。その状態から［アーティスティック］内の［ドライブラシ］を選択します。ここでは［ブラシサイズ：9］、［ブラシの細かさ：9］、［テクスチャ：1］に設定します。《OK》をクリックして確定します。

「フィルターギャラリー」について
もっと詳しく → p.176

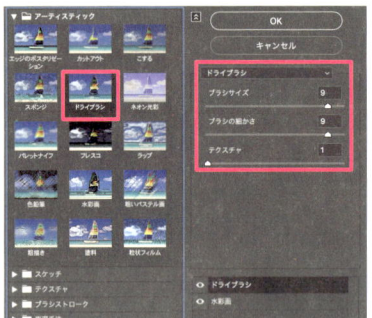

4

絵画風の加工を加えることができました。

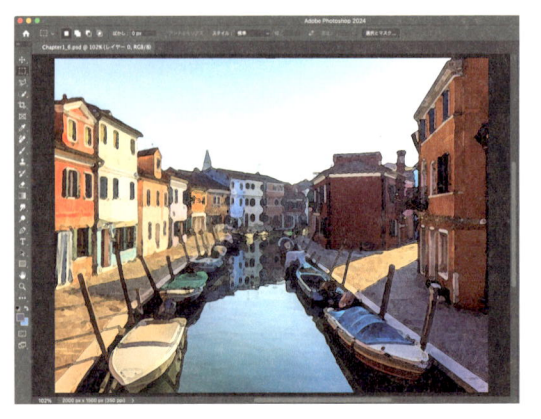

FINISH!

07 レトロ風に加工する

アナログカメラで撮影したような、レトロな印象に加工しましょう！

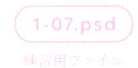

1-07.psd

練習用ファイル

AFTER

BEFORE

STEP 1 ぼかしを加える

1 画像を「スマートオブジェクト」に変更する

「フィルター」を使った加工は、そのまま適用すると再編集ができません。「スマートオブジェクト」に変換することで、フィルターを何度も調整することができます。

加工したい画像を開いたら、「画像のレイヤー」の上で右クリック→「スマートオブジェクトに変換」をクリックします。

2 「ぼかし」を選択する

フィルムカメラのようなアナログのテイストを加えるために、写真を少しぼかします。

画面上部のメニューバーの「フィルター」→「ぼかし」→「ぼかし（ガウス）…」を選択します。

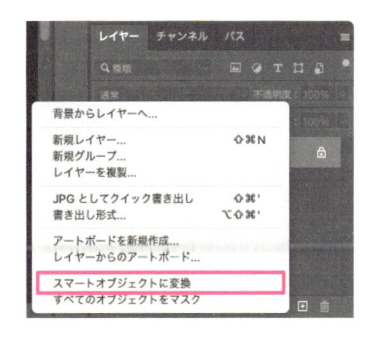

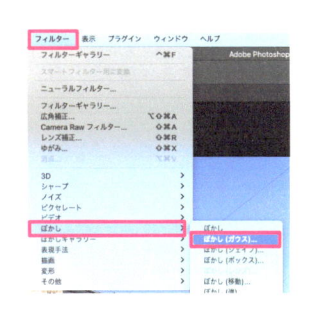

3 ぼかしを設定する

「ぼかし（ガウス）」ダイアログ内の［半径］
の数値を設定します。半径の数値を大きくす
るほど、ぼかしの度合いも強くなります。こ
こでは［2.0pixel］に設定し、《OK》をクリ
ックします。

STEP 2　ノイズを加える

1 「ノイズを加える…」を
　　選択する

古い写真のようなノイズを加えて、さらにレ
トロ感を加えていきましょう。画面上部のメ
ニューバーの「フィルター」→「ノイズ」→
「ノイズを加える…」を選択します。

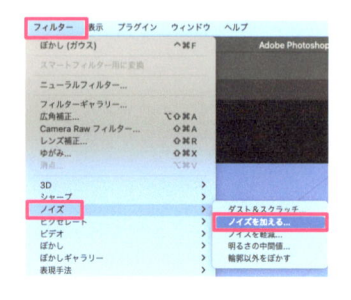

2 ノイズを設定する

「ノイズを加える」ダイアログの［量］の数
値が大きいほどノイズが増えます。ここでは
［量：10％］、［分布方法：均等に分布］に設
定し、《OK》をクリックします。

STEP 3　黄ばんだ色合いに変更する

1 「調整レイヤー」の
　　「レベル補正…」を選択する

「レイヤー」パネル下部の「塗りつぶしまた
は調整レイヤーを新規作成」 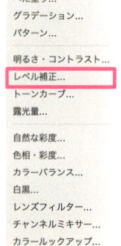 をクリック
し、「レベル補正…」を選択します。

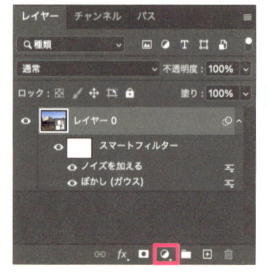

2 「グリーン」の色合いを調整する

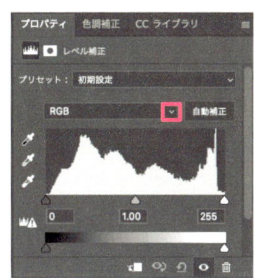
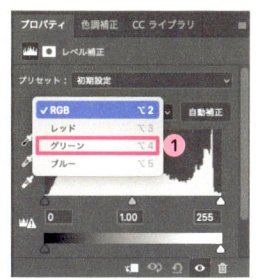

「レベル補正」では、［レッド］、［グリーン］、［ブルー］をそれぞれ調整することもできます。ダイアログ内のプルダウンより［グリーン］を選択します❶。

ヒストグラムと呼ばれるグラフの下にあるスライダーを左に動かすと、写真の色合いが変化します❷。

ここでは、中央のスライダーを左に動かし数値が［1.21］になるように調整しています。少し黄ばんだようなレトロな風合いを出すことができます。

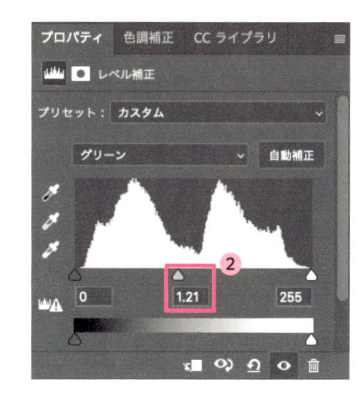

📖 「レベル補正」についてもっと詳しく ➜ p.166

3

画像の色合いを変更することができました。

FINISH!

✅ フィルターの内容を再編集する場合は「レイヤー」パネルから！

フィルターを使った加工を確定すると、レイヤーパネル内に［スマートフィルター］という項目が表示されます。

加工を再編集したい場合は、編集したい項目名をダブルクリックしましょう。編集画面が表示され、変更ができます。

動画でチェック！

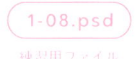

08 ビネット風効果を加える

画像の四隅を暗くするビネット風効果で、写真の雰囲気を変えましょう！

1-08.psd
練習用ファイル

AFTER

BEFORE

STEP 1 ## 画像の四隅を暗くする

1 画像を「スマートオブジェクト」に変更する

「フィルター」を使った加工は、そのまま適用すると再編集ができません。「スマートオブジェクト」に変換することで、フィルターを何度も調整することができます。
加工したい画像を開いたら、「画像のレイヤー」の上で右クリック→「スマートオブジェクトに変換」をクリックします。

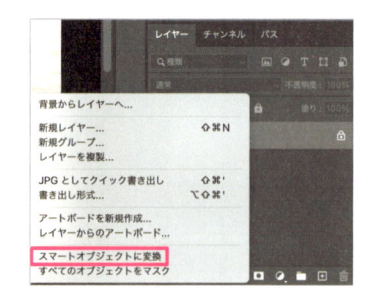

2 「レンズ補正...」を選択する

画面上部のメニューバーの「フィルター」→「レンズ補正...」を選択します。
画面右側の［カスタム］タブをクリックし、［周辺光量補正］を設定していきます。

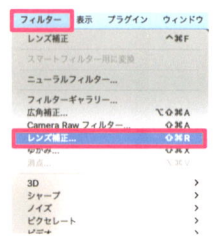
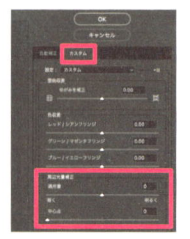

3 ［周辺光量補正］を設定する

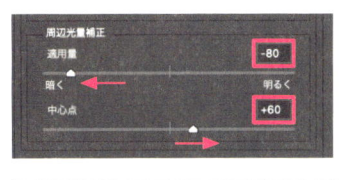

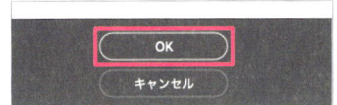

［適用量］はビネットの強さを、［中心点］
は適用する範囲を設定できます。ここでは
［適用量：-80］に、［中心点：+60］に設定し、
《OK》をクリックして確定します。

4

画像の四隅を暗くすることができました。

STEP 2 ## 画像のコントラストを強くする

1 「調整レイヤー」の「トーンカ
ーブ...」を選択する

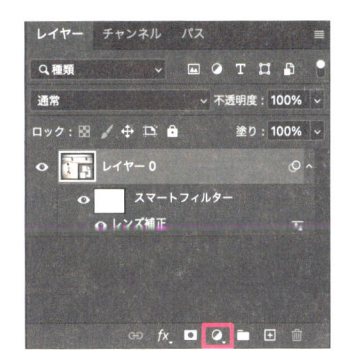

画像のコントラストを強めると、アナログカ
メラで撮影したような風合いを強めることが
できます。「レイヤー」パネル下部の「塗り
つぶしまたは調整レイヤーを新規作成」 をクリックし、「トーンカーブ...」を選択し
ます。

2　トーンカーブを設定する

白い線の上に沿って2箇所クリックします。
1つめは白い線上の右上付近❶、もう1つは
白い線上の左下付近をクリックします❷。点
が2箇所加わります。

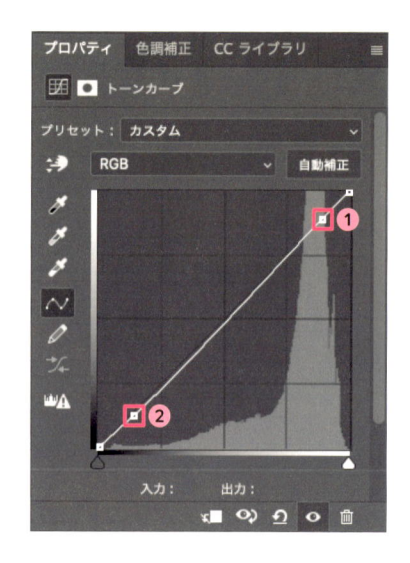

3　トーンカーブを調整する

右上の点はクリックしたまま上に引き上げ❶、
左下の点はクリックしたまま下に引き下げま
す❷。画像内のハイライト（明るい部分）は
より明るく、画像内のシャドウ（暗い部分）
はより暗くすることができます。

「トーンカーブ」についてもっと詳しく → p.168

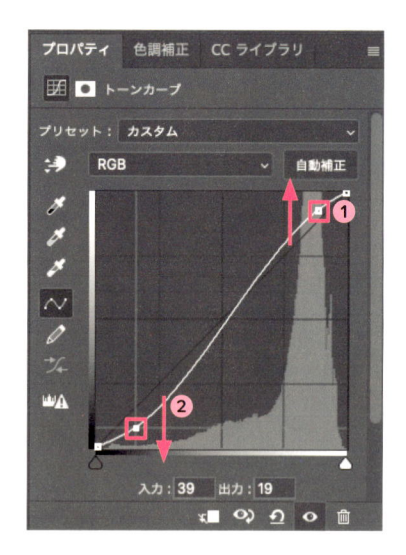

4

明るさを変更して、コントラストを強めるこ
とができました。

FINISH!

09 ミニチュア風に加工する

風景写真をミニチュアでできたジオラマのような雰囲気に加工しましょう！

1-09.psd

AFTER

BEFORE

STEP 1) 画像の明るさ・彩度を上げる

1 画像を「スマートオブジェクト」に変更する

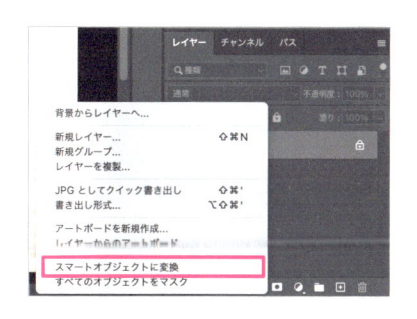

「フィルター」を使った加工は、そのまま適用すると再編集ができません。「スマートオブジェクト」に変換することで、フィルターを何度も調整することができます。

加工したい画像を開いたら、「画像のレイヤー」の上で右クリック→「スマートオブジェクトに変換」をクリックします。

2 写真を明るくする

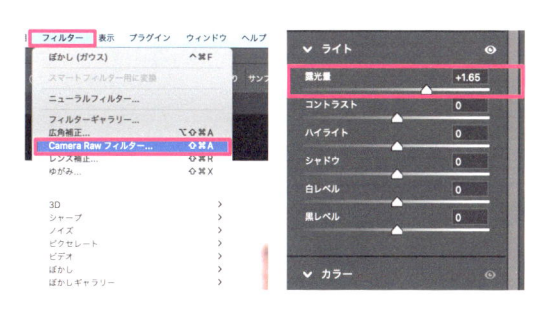

画面上部のメニューバーの「フィルター」→「Camera Rawフィルター...」を選択します。
[ライト] 内の [露光量] を設定して、写真を明るくくっきりとした色合いにします。ここでは [露光量：+1.65] に設定しました。

3 彩度を上げて鮮やかにする

同じく「Camera Rawフィルター」の［カ
ラー］内の［彩度］を設定し、画像をより鮮
やかにします。ここでは［+90］に設定し、
《OK》をクリックして確定します。

(STEP 2) ## ぼかしを加える

1 「チルトシフト…」を選択する

風景の手前と奥にぼかしを入れて、実際にジ
オラマを近くで見ているときのような雰囲気
を作ります。
画面上部のメニューバーの「フィルター」→
「ぼかしギャラリー」→「チルトシフト…」
を選択します。

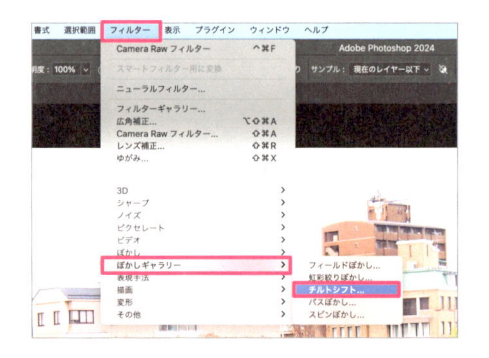

2 ぼかす範囲を決める

画面中心の丸や線をクリックしたまま動かす
ことで、ぼかす範囲の基準となる点や、ぼか
す範囲を設定することができます。
ここでは、ぼかす範囲の基準となる丸のアイ
コンの中心をドラッグして、川辺を歩く2人
に合わせます。

3 ぼかしの強さを設定する

画面右側の「ぼかしツール」の［チルトシフ
ト］で［ぼかし］の数値を変更することで、
ぼかしの強さを設定できます。
ここでは［12px］に設定し、画面上部の《OK》
をクリックして確定します。

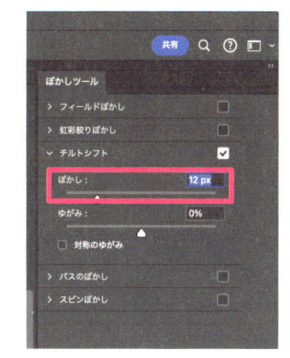

✓ ぼかす範囲は細かく設定できる！

中央の円はぼかしの基準となる中心です。そこか
ら基準点の実線まではぼけが加わりません。グレ
ーの実線から点線にかけてぼけが加わり、点線以
降は完全にぼけます。
それぞれの円のアイコンや基準となる線は画面上
で動かせるので、感覚的にぼける範囲を調整でき
ます。

4

ぼかしが加わり、ジオラマのような雰囲気を
出すことができました。

FINISH!

✓ ジオラマ加工は選ぶ写真も大切！

実際のジオラマ（ミニチュア）を人が見るときは、上から見下ろすことがほとんどです。写真
をジオラマ風に加工するときも、建物や町並みを「斜め上」から撮影された写真を選ぶと、う
まく加工することができます。

動画でチェック!

10 逆光で暗くなった写真を明るくする

逆光で暗く、シルエットのように写ってしまった写真を明るく調整しましょう!

AFTER

BEFORE

1_10.psd
動画用ファイル

STEP 1 　**画像の暗い部分を明るくする**

1 画像を「スマートオブジェクト」に変更する

「フィルター」を使った加工は、そのまま適用すると再編集ができません。「スマートオブジェクト」に変換することで、フィルターを何度も調整することができます。
加工したい画像を開いたら、「画像のレイヤー」の上で右クリック→「スマートオブジェクトに変換」をクリックします。

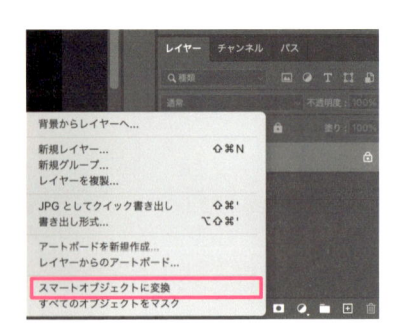

2 「Camera Rawフィルター」を選択する

画面上部のメニューバーの「フィルター」→「Camera Rawフィルター...」を選択します。

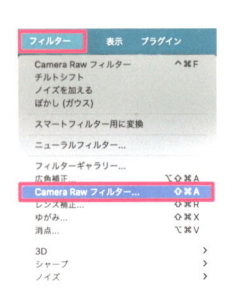

3　写真を明るくする

写真の暗い部分を明るくしたいので、［ライト］内の［シャドウ］［黒レベル］を中心に調整します。ここでは［露光量：+1.55］、［シャドウ：+40］、［黒レベル：+30］に設定します。

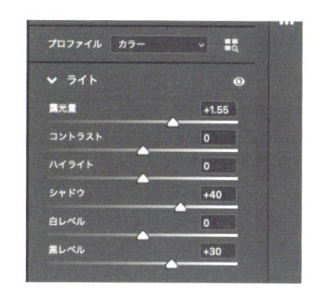

ノイズを軽減する

暗い写真を無理やり明るくすると、右の画像のようにノイズが入ってしまいます。きれいに仕上げるためにノイズの除去も行いましょう。

1　「ディテール」でノイズを減らす

「Camera Rawフィルター」内をスクロールして［ディテール］をクリックし、設定画面を表示させます。ここでは［シャープ：40］、［ノイズ軽減：20］、［カラーノイズの軽減：80］に設定して、《OK》をクリックします。

☑ **ノイズ軽減量を大きくしすぎると画像がぼやける！**

ノイズ軽減の量を大きくすると、ぼかしがかかったように輪郭がぼやっとしてしまいます。画像がぼやけてしまわないように、［シャープ］も設定しながら数値を調整していきましょう。

2

ノイズを軽減しながら、逆光の画像を明るくすることができました。

FINISH!

動画でチェック!

11 不要なオブジェクトを削除する

写真に映り込んだクレーンを、ササッと簡単に削除しましょう!

1-11.psd
練習用ファイル

AFTER

BEFORE

STEP 1 「削除ツール」で除去する

1 「削除ツール」を選択して設定する

画面左のツールバーから「削除ツール」を選択します。「削除ツール」は、右の画像内のいずれかのツールのアイコンを長押しすると表示されます❶。画面上部のオプションバーで［サイズ：80］に設定します❷。

［各スクロール後に削除］にチェックを入れる

2 クレーンをブラシで囲む

クレーンの輪郭をブラシでなぞるように、消したいオブジェクトをクリックしたまま一筆書きで囲みます。
手を離してしばらく待つと、クレーンがきれいに消えます。

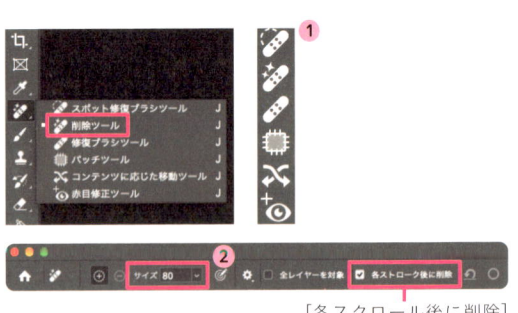

FINISH!

12 背景を伸ばしてパノラマ風にする

足りない背景を伸ばしてみましょう。写真を使ってレイアウトをするときにも役立ちます！

AFTER

BEFORE

1-12.psd
使用用ファイル

(STEP 1) **レイヤーの設定を変更する**

1 「背景」レイヤーを変更する

画像を開くと、「レイヤー」パネルの表示が
「背景」になっています。このままでは加工
ができないので、鍵のマークをクリックして
ロックを外します。
「レイヤー0」という名前に自動的に変更さ
れます。

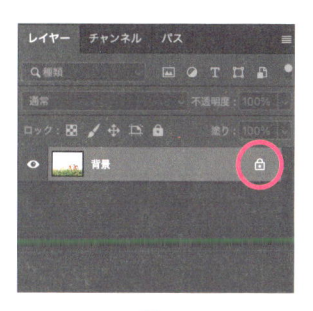

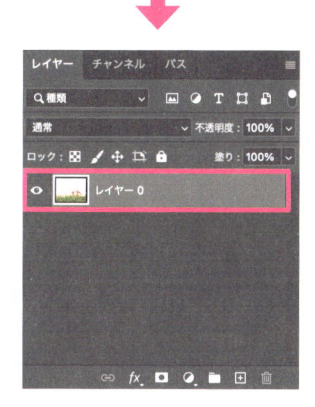

STEP 2 画像の背景を伸ばす

1 「切り抜きツール」を選択して 設定する

画面左のツールバーから「切り抜きツール」
を選択します①。そのまま画面上部のオプションバーの[塗り]のプルダウンから「コンテンツに応じた塗りつぶし」を選択します②。

2 画像を左に広げる

画像の周囲に表示されているバーの中で、画面左側中央のバーをクリックしたまま左方向に動かします。
ここでは、幅（H）が[3000px]になるまで左方向に動かします。

広げる範囲が決まったら画面上部に表示されている《○》をクリックして確定します①。

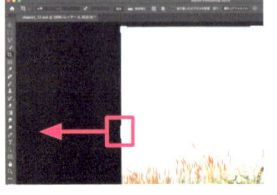

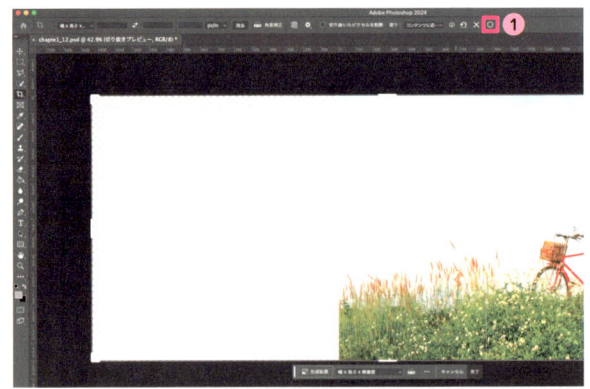

3 自動的に足りない背景が 作成される

しばらくすると、画像を広げた部分に自動で背景が作成されます。

📖 「コンテンツに応じた塗りつぶし」について もっと詳しく → p.185

FINISH!

13 ハーフトーンパターンにする

ハーフトーンと呼ばれる網点を使って、アナログポップな印象に仕上げましょう！

AFTER

BEFORE

1-13.psd

STEP 1 「カラーハーフトーン」を適用する

1 画像を「スマートオブジェクト」に変更する

「フィルター」を使った加工は「スマートオブジェクト」に変換することで、フィルターを使った加工の内容を何度も調整することができます。

加工したい画像を開いたら、「画像のレイヤー」の上で右クリック→「スマートオブジェクトに変換」をクリックします。

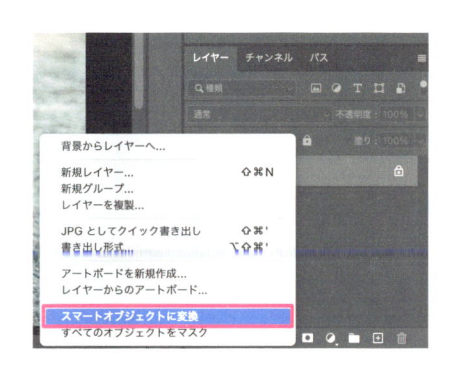

2 「カラーハーフトーン...」を選択する

画面上部のメニューバーの「フィルター」→「ピクセレート」→「カラーハーフトーン...」を選択します。

3 「カラーハーフトーン」を 設定する

設定する数値を変更すると、加工後の印象も大きく変わってきます。

ここでは［最大半径：10pixel］、［チャンネル1：110］、［チャンネル2：160］、［チャンネル3：90］、［チャンネル4：45］に設定し、《OK》をクリックして確定します。

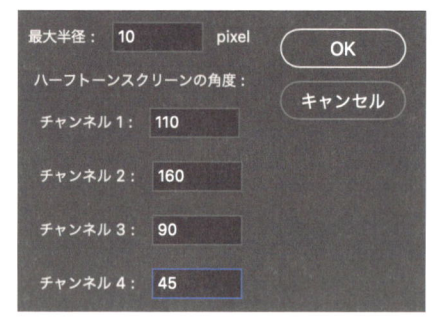

4

カラーハーフトーンが作成され、画像の印象を大きく変えることができました。

それぞれの数値を変更すると、違う雰囲気のカラーハーフトーンにすることができます。

「カラーハーフトーン」について もっと詳しく → p.181

FINISH!

料理の写真を
美味しそうにみせる

湯気を足したり、水滴を足したりして、
シズル感を出して食べ物を
美味しそうにしてみましょう！

動画でチェック!

01 スイーツをおいしくみせる

スイーツの写真をおいしそうにみえる色合いに補正しましょう！

2-01.psd
練習用ファイル

AFTER

BEFORE

STEP 1 明るさを調整する

1 「調整レイヤー」の 「レベル補正...」を選択する

画像を開いたら、「レイヤー」パネル下部の「塗りつぶしまたは調整レイヤーを新規作成」 ![icon] をクリックし、「レベル補正...」を選択します。

2 中央と右側のスライダーを 動かして明るくする

「入力レベル」のスライダーを調整し、画像全体を明るくしながら、コントラストも強めていきます。ここでは、[右側（ハイライト）：240]、[中央（中間調）：1.50]、[左側（シャドウ）：30] に設定します。

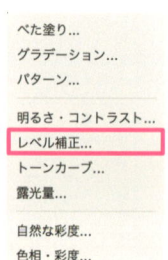

「レベル補正」についてもっと詳しく ➡ p.166

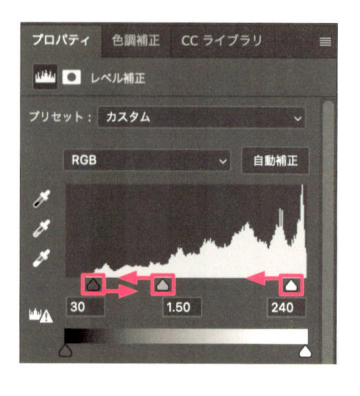

3

画像が明るくなり、コントラストも強めることができました。

STEP 2　色合いを暖色系にする

1　「調整レイヤー」の「カラーバランス...」を選択する

「背景レイヤー」を選択します。下部の「塗りつぶしまたは調整レイヤーを新規作成」 をクリックし、「カラーバランス...」を選択します。

食べ物の写真は寒色系の色調よりも、暖色系の色調のほうがおいしそうに見えるので、色を調整していきます。

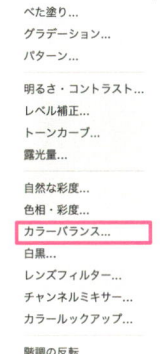

2　［レッド］、［イエロー］の方向にスライダーを動かす

一番上のスライダーを［レッド］の方向に動かし、一番下のスライダーは［イエロー］の方向に動かします。

ここでは、上のスライダーが［＋25］、下のスライダーが［−15］になるように調整しています。

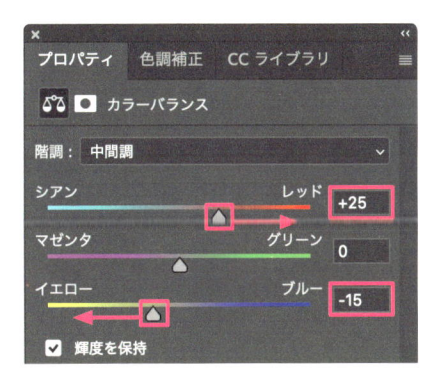

3

画像の色合いを暖色系に調整することができました。

STEP 3 **イチゴを鮮やかにする**

1 「調整レイヤー」の「特定色域の選択...」を選択する

「背景レイヤー」を選択します。下部の「塗りつぶしまたは調整レイヤーを新規作成」をクリックし、「特定色域の選択...」を選択します。
［特定色域の選択］では画像内の特定の色みをピンポイントで調整できます。
イチゴをより鮮やかに見せるために、赤の色調だけを調整していきます。

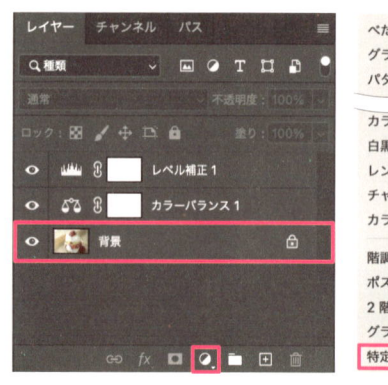
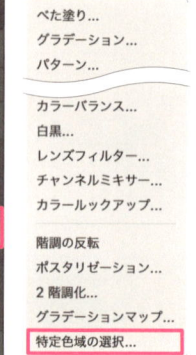

2 ［レッド］を調整する

今回はイチゴの赤をより濃くなるように調整したいので［カラー］で［レッド］を選択し、スライダー内の［マゼンタ］（ピンク系の色合い）の数値を［＋25％］に設定しています。

「特定色域の選択」について
もっと詳しく ➔ p.173

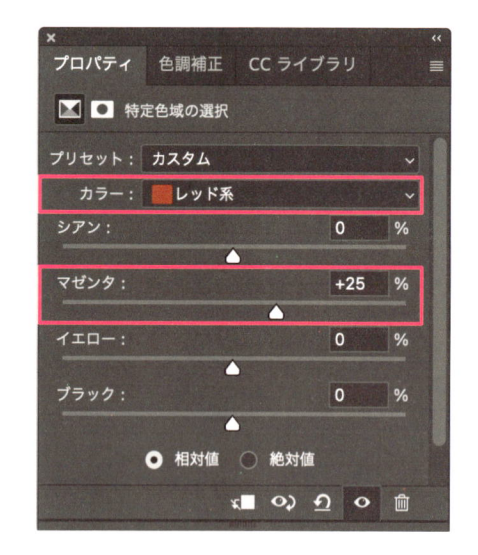

3

イチゴの赤が強く鮮やかになりました。

FINISH!

02 飲み物に湯気を足す

湯気を足して、ほかほかの温かい飲み物にしましょう！

2-02.psd

AFTER

BEFORE

(STEP 1) 雲模様の「レイヤー」を作成する

1 新しい「レイヤー」を作成する

「レイヤー」パネル下部の「新規レイヤーを作成」 ⊞ をクリックし、「新しいレイヤー（「レイヤー1」）」を作成します。

2 描画色と背景色を設定する

画面左のツールバーの下にあるアイコン **1** をクリックし、描画色を［黒（#000000）］に、背景色を［白（#ffffff）］に設定します。

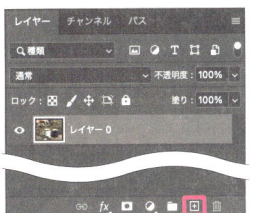

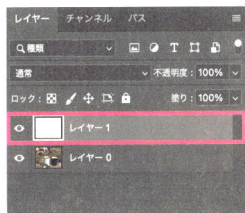

描画色

背景色

3 「フィルター」→「雲模様1」 を適用する

新しく作成した「レイヤー1」が選択されていることを確認し、画面上部のメニューバーの「フィルター」→「描画」→「雲模様1」を選択します。

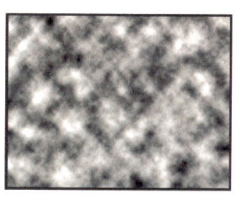
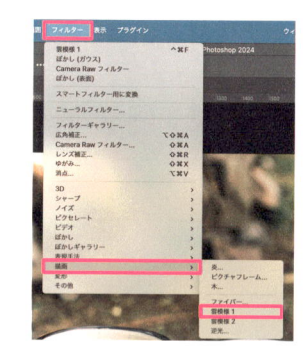

4 ［描画モード］を［スクリーン］ に変更する

「レイヤー」パネル内で［描画モード］を［スクリーン］に変更します。
黒い部分が透けて、白い部分だけ見えるようになります。

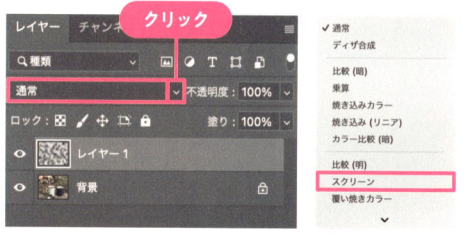

STEP 2 湯気を描く

1 雲模様の「レイヤー」に 「マスク」をかける

option（Alt）を押しながら「レイヤー」パネル下部の「レイヤーマスク」◻ をクリックします。
雲模様の「レイヤー」に真っ黒のカバー（マスク）がかけられ、模様が見えなくなります。
「マスク」を作成すると、「レイヤー」内に「マスク」のサムネイルが加わります❶。

📖 「レイヤーマスク」について
もっと詳しく ➡ p.196

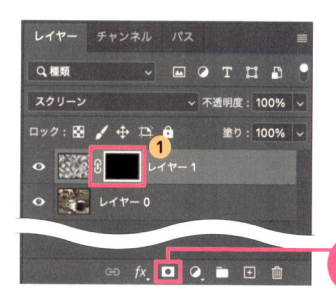

2　ブラシを設定する

「マスク」をかけて見えなくした雲模様を、白いブラシを使って一部だけ見えるようにすることで、湯気を描いていきます。

画面左のツールバーから「ブラシツール」を選択し、描画色が［白］になっていることを確認します。画面上部のオプションバーで「ブラシ」❶の詳細を設定していきましょう。ここでは「ブラシ」の種類を［ソフト円ブラシ］❷、［直径：130px］、［硬さ：0％］❸に設定します。また、［モード：通常］❹、［不透明度：40％］❺に設定します。

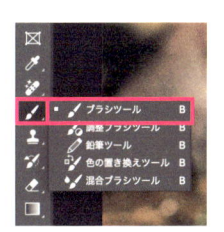

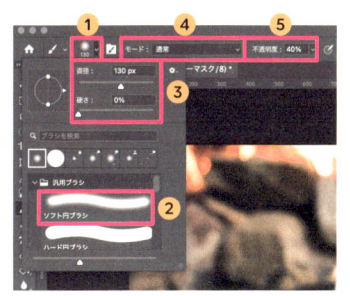

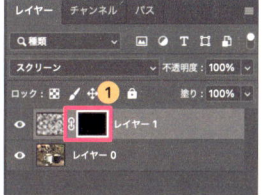 

3　湯気を描く

雲模様の「レイヤー」内にある、黒い「マスク」のサムネイルが選択されていることを確認し（枠が白くなっていればOK）❶、画面上をクリックしたまま湯気の形になるように「ブラシ」を動かして湯気を描いていきます。コーヒーの表面付近は濃く広範囲に、上に行くに従って薄く狭くなるように描いていくときれいに仕上がります。

FINISH!

✓ 湯気を描き込むのではなく、隠している雲模様を見えるようにするだけ！

「レイヤーマスク」とは、「レイヤー」内のオブジェクトを隠す機能です。サムネイル内の黒い部分はカバーがかけられていて見えなくなっている状態、白い部分はカバーがなく元の画像が見えている状態です。

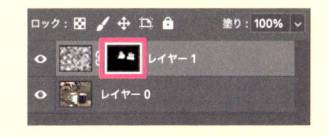

今回は白いブラシを使ってカバーの一部を剥がしていくようなイメージです。カバーの下にある雲模様がうっすら見えるようになることで湯気を表現できます。

「レイヤーマスク」のサムネイルを確認すると、「ブラシ」で書き込んだ部分が白くなっており、元の画像の一部が見えるようになっていることがわかります。

動画でチェック！

03 グラスに水滴を足す

2つの写真を合成し、グラスに水滴を足して冷え冷えのビールにしましょう！

AFTER

BEFORE

2-03-01.psd　2-03-02.psd

練習用ファイル

STEP 1　グラスの中のビールを切り抜く

1　元の画像を複製する

「レイヤー」パネルの「レイヤー0」を選択したまま、「新規レイヤーを作成」 ⊞ にドラッグします。
「レイヤー0のコピーレイヤー」として複製されます。

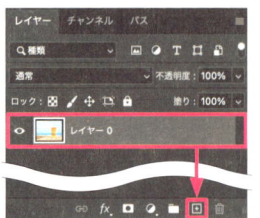
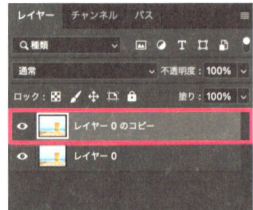

2　「クイック選択ツール」を 設定する

画面左のツールバーから「クイック選択ツール」 ✍ を選択します。
画面上部のオプションバーで「ブラシ」を ［直径：30px］、［硬さ：100％］、［間隔：25％］ に設定します。

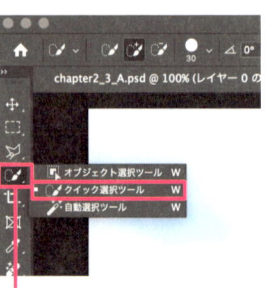

アイコンを長押し
して表示する

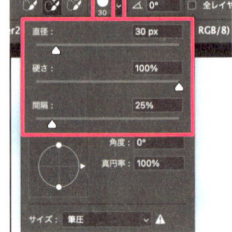

3 ビールを選択する

複製した「レイヤー」が選択されていること
を確認し、ビールの上でマウスをクリックし
たまま動かすと、自動的にビール部分が選択
されていきます。ビールが全体的に選択でき
るまでマウスを動かします。
点線で囲まれた範囲の中が選択されている状
態です。

📖 「選択範囲」についてもっと詳しく ➡ p.188
📖 「クイック選択ツール」についてもっと詳しく ➡ p.193

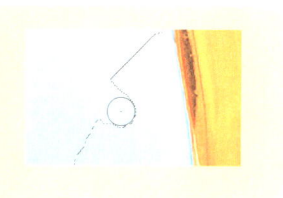

☑ ビールよりも選択範囲が外に広がってしまったら？

option (Alt) を押すと、「ブラシ」のカーソルが ⊙ に変わります。こ
の状態で、はみ出した部分をクリックしたまま なぞっていくと、選択範
囲を削ることができます。

4 「マスク」をかける

ビールが選択されている状態で、「レイヤー」
パネル下部の「レイヤーマスク」 ◻ をクリ
ックします。
一見すると何も変わりませんが、「レイヤー
0」を非表示にしてみると、ビール以外の部
分に「マスク」がかかり、ビールだけが切り
抜かれていることがわかります。

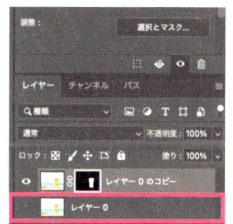

STEP 2 水滴の画像を配置する

1 画像をファイル内で開く

用意してある水滴の画像(サンプルでは「2-03-
02.psd」)を同じファイル内で開きます。ファ
イルを画面内にドラッグすると、同じファイ
ル内に複数の画像を配置することができます。

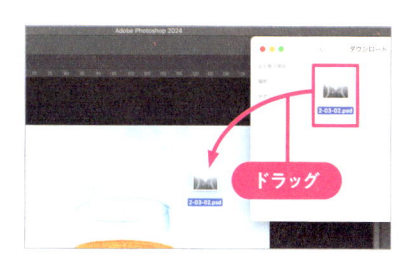

2　画像の大きさを調整する

画像の四隅に表示されている四角のアイコン（バウンディングボックス）**1** をクリックしたままマウスを動かすと、画像の大きさを変更できます。

ここでは、水滴の画像をビールの高さに合わせて配置し、縮小します。大きさが決まったら、画面上部の《○》**2** をクリックして編集を確定します。

STEP 3　水滴とビールをなじませる

1　水滴の画像をビールの形に切り抜く

水滴の画像のレイヤーを選択し、右クリック→「クリッピングマスクを作成」をクリックします。

水滴の画像がビールの形に切り抜かれました。「クリッピングマスク」を使うと、すぐ下の「レイヤー」の透明ピクセルに沿って「マスク」をかけることができます。

元の画像は残っているので、「レイヤー」上で右クリック→「クリッピングマスクを解除」で元の画像に戻すことも可能です。

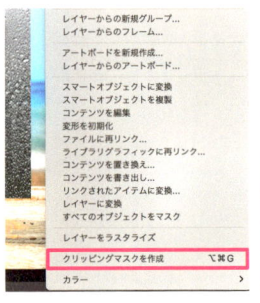

2　［描画モード］を変更してなじませる

水滴の画像の「レイヤー」が選択されていることを確認し **1**、［描画モード］**2** を［ソフトライト］に変更します **3**。

こうすることで、水滴とビールがなじみ、グラスの表面に水滴がついているように加工することができます。

📖 「描画モード」についてもっと詳しく ➜ p.174

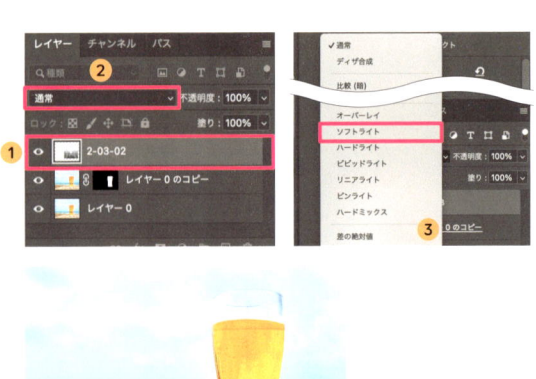

FINISH!

04 食べ物にツヤを足す

料理の写真にツヤをプラスしてシズル感をアップさせましょう！

2-04.psd

AFTER

BEFORE

STEP 1 **フィルターを使ってツヤを作る**

1　元の画像を複製する

「レイヤー」パネルの「背景レイヤー」を選択し、そのまま「新規レイヤーを作成」 ⊞ にドラッグします。
同じレイヤーの複製が「背景のコピーレイヤー」として作成されます。

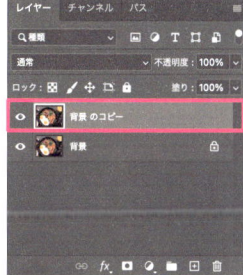

2　「フィルターギャラリー」から [ラップ] を選択する

画面上部のメニューバーの「フィルター」→「フィルターギャラリー...」を選択します。
「フィルター」の種類は［アーティスティック］→［ラップ］を選択します。

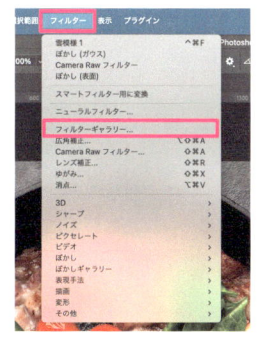

3 ［ラップ］を設定する

ダイアログ右上の項目で［ラップ］の設定を行います。

ここでは［ハイライトの強さ：14］、［ディテール：14］、［滑らかさ：15］に設定します①。

下の項目に［ラップ］以外が表示されている場合は、その項目を選択し、画面右下の 🗑 をクリックして削除しておきます②。

設定したら、《OK》をクリックして確定します③。

STEP 2 ## ツヤをなじませる

1 ［描画モード］を ［オーバーレイ］に変更する

効果をかけた「背景のコピーレイヤー」が選択されていることを確認して、［描画モード］を［オーバーレイ］に変更します。

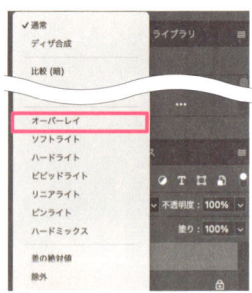

2

ツヤが食べ物と少しなじみました。

3　「レイヤーマスク」をかける

option （ Alt ）を押しながら「レイヤー」パネ
ル下部の「レイヤーマスク」 ▣ をクリック
します。「ツヤを加えたレイヤー」にマスク
がかけられ、見えなくなりました。

option を押しながら
クリック

4　ブラシを選択する

「ツヤを加えたレイヤー」に表示されている
黒の「マスク」のサムネイルが選択されてい
ることを確認します（枠が白くなっていれば
OK）。
ツールバーの「ブラシツール」 🖌 を選択し、
描画色は「白」にします。

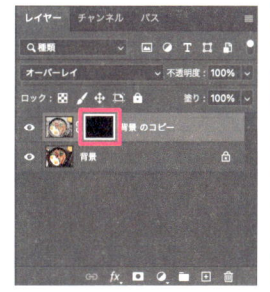
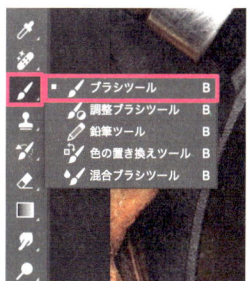

5　ブラシを設定する

「マスク」をかけて見えなくしたツヤを、白
い「ブラシ」を使って料理部分だけ見えるよ
うにしていきます。
画面上部のオプションバーで「ブラシ」の詳
細を設定します。
ここでは［ブラシ］の種類を［ソフト円ブラ
シ］ ❶ 、［直径：130px］、［硬さ：0％］ ❷ 、［モ
ード：通常］、［不透明度：100％］ ❸ に設定
します。

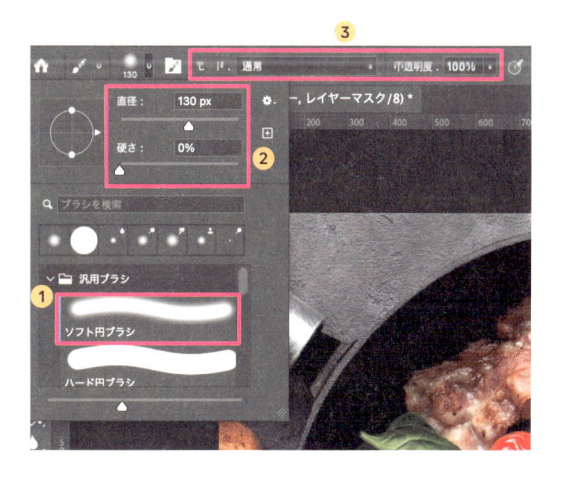

6 「マスク」を一部解除する

料理部分だけにツヤが出るように、ピンクの範囲でツヤを足したい箇所を中心に「ブラシ」でなぞっていきます。
白い「ブラシ」でなぞった箇所はマスクが解除され、ツヤを加えたレイヤーの内容が見えるようになります。

7 不透明度を変更して なじませる

レイヤーの不透明度を下げると、ツヤを少し弱めて背景となじむようになります。
ここでは、「レイヤー」の［不透明度］を［60%］に変更します。

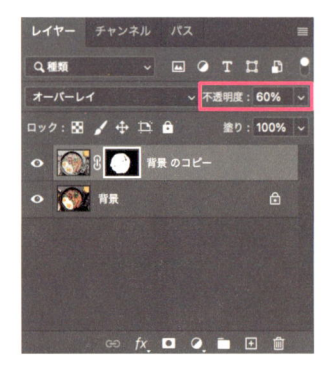

8

ツヤがなじんで、さらにおいしそうになりました。

FINISH!

モノを
美しくみせる

商品写真などモノをより
魅力的に引き立たせる方法が
詰まった章です。

動画でチェック！

01　画像の色を実物に近づける

商品の明るさや色合いを、実物に近い色になるように調整しましょう！

3-01.psd

AFTER

BEFORE

STEP 1 　画像の影になっている部分を明るくする

1　「調整レイヤー」の「トーンカーブ...」を選択する

「レイヤー」パネル下部の「塗りつぶしまたは調整レイヤーを新規作成」 をクリックし、「トーンカーブ...」を選択します。

2　明るくしたい箇所を指定して調整する

パネル内の をクリックします。
その状態で画像内の暗い部分をクリックしたまま上に動かします。

「トーンカーブ」についてもっと詳しく → p.168

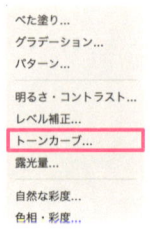
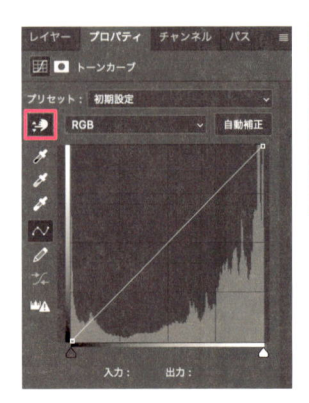

3

指定した箇所を中心に画像を明るくすることができました。

(STEP 2) # ピンクを明るく調整する

1　「色域指定...」を選択する

スニーカーのピンクの部分だけを調整していきます。ほかの部分に影響が及ばないようにピンクの部分を「選択範囲」で指定します。背景の「レイヤー」を選択してから、画面上部のメニューバーの「選択範囲」→「色域指定...」を選択します。
「色域指定」は特定の色から選択範囲を作ることができます。

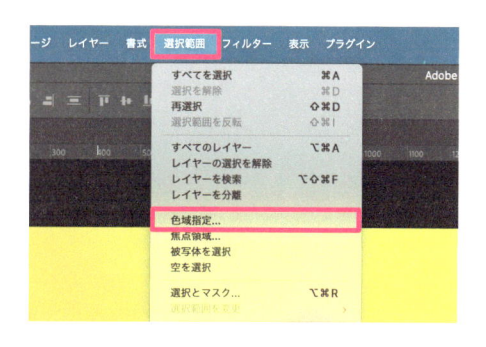

2　ピンクの箇所をクリックして選択範囲を作成する

ダイアログが表示されたら、スニーカーのピンクの箇所をクリックして選択します❶。ダイアログ内の［許容量］を指定します。［許容量］が大きいほど選択される範囲が広くなります。ここでは［55］に設定し❷、《OK》をクリックします。

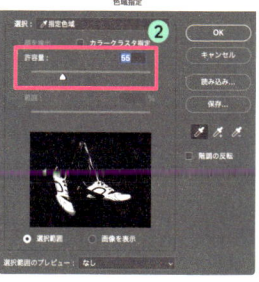

3

ピンク色の箇所の選択範囲を作成することができました。

4 「レベル補正...」を選択する

「レイヤー」パネル下部の「塗りつぶしまたは調整レイヤーを新規作成」をクリックして、「レベル補正...」を選択します。

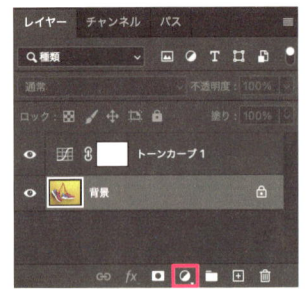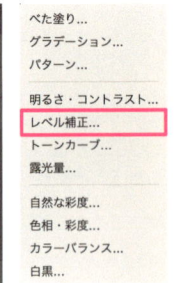

5 ピンクの箇所を明るくする

表示されたパネル内のスライダーを動かすか、数値を指定して調整します。
ここではピンクをもっと明るくするためにスライダーを［右側（ハイライト）：225］に、［中央（中間調）：1.40］に設定します。ピンクの箇所のみを明るくすることができました。

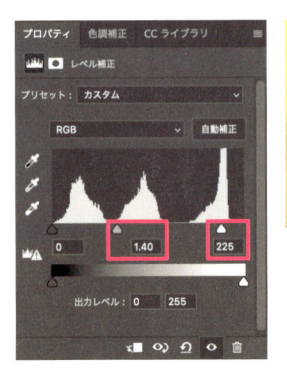

(STEP 3) **水色を調整する**

1 「特定色域の選択...」を選択する

「背景レイヤー」（スニーカーの画像のレイヤー）を選択し、「レイヤー」パネル下部の「塗りつぶしまたは調整レイヤーを新規作成」をクリックして、「特定色域の選択...」を選択します。

2 シアン系の色合いを調整する

表示されたパネル内の［カラー］のプルダウンから［シアン系］を選択します❶。これで画像内のシアン（水色）系の色合いを調整することができます。
ここでは、水色の箇所を淡く調整したいので、［シアン：-40％］に❷、［ブラック：-30％］❸に設定して完成させます。

FINISH!

02 画像内のゴミを削除する

お皿についたコゲを削除して、きれいにしましょう！

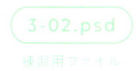
3-02.psd
練習用ファイル

AFTER

BEFORE

STEP 1 「スポット修復ブラシツール」を設定する

1 元の画像を複製する

画像を開いたら、「レイヤー」パネル内の「背景レイヤー」をクリックしたまま「新規レイヤーを作成」 にドラッグします。同じ画像の「レイヤー」が複製されます。

これから行う編集は、画像に直接書き込まれるため複製し、「複製したレイヤー」で作業します。

ドラッグ

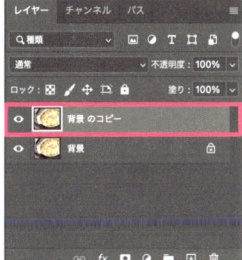

2 「スポット修復ブラシツール」を選択する

画面左のツールバーから「スポット修復ブラシツール」 を選択します。「スポット修復ブラシツール」が表示されていない場合は、ツールのアイコンを長押しすると表示されます。

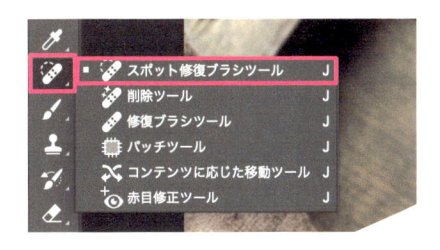

3 ブラシを設定する

画面上部のオプションバー **1** でブラシのサイズを変更できます。ここでは「ブラシ」の［直径：40px］、［硬さ：100％］、［間隔：25％］に設定します。［コンテンツに応じる］が選択されているかも確認しましょう **2**。

📖 「スポット修復ブラシツール」について
もっと詳しく ➜ p.183

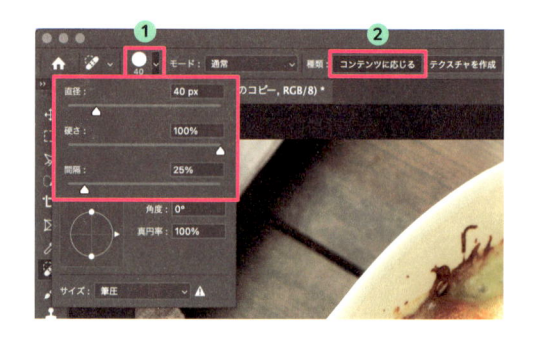

STEP 2 コゲを消す

1 「スポット修復ブラシツール」で消したいコゲをなぞる

「レイヤー」パネルで複製したほうの画像を選択し、消したい箇所をブラシで塗りつぶすようにマウスを動かしていきます。塗りつぶした箇所は黒っぽく表示されます。手を離すと、塗りつぶした部分のコゲが消えます。

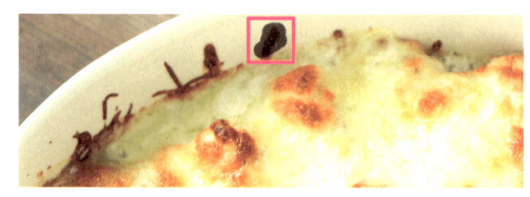

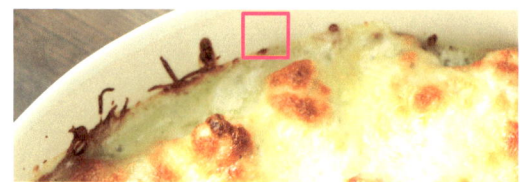

2 残りのコゲを消す

残りのコゲも同じ手順で消していきます。うまく消えない場合は、ほかのコゲを先に削除してみたり、塗りつぶす範囲を広めにしたりすると、きれいに消すことができます。

3

コゲがなくなりました。

FINISH!

03 カラーバリエーションを作る

ワンピースのカラーバリエーションを作りましょう！

3-03.psd

AFTER

BEFORE

(STEP 1) **色を置き換える**

1 元の画像を複製する

画像を開いたら、「レイヤー」パネル」内の「背景レイヤー」をクリックしたまま「新規レイヤーを作成」 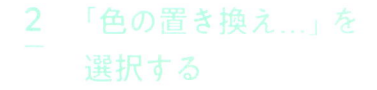 にドラッグします。同じ画像の「レイヤー」が複製されます。

これから行う編集は、画像に直接書き込まれるため複製し、「複製したレイヤー」で作業します。

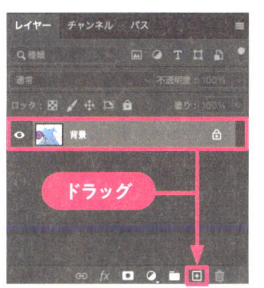

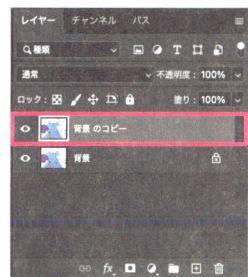

2 「色の置き換え...」を選択する

「複製したレイヤー」を選択し、画面上部のメニューバーの「イメージ」→「色調補正」→「色の置き換え...」を選択します。

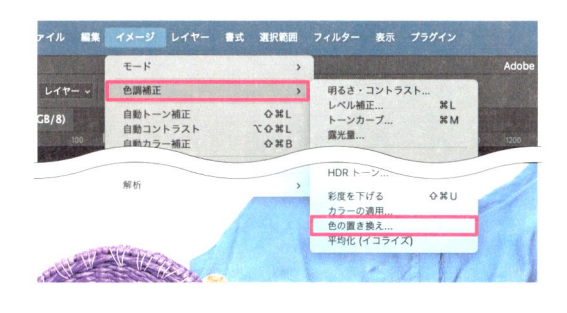

3 置き換えたい色を選択する

カーソルがスポイトの形になったら、画面上で置き換えたい色を選択します。ここでは赤い四角の中をクリックします。

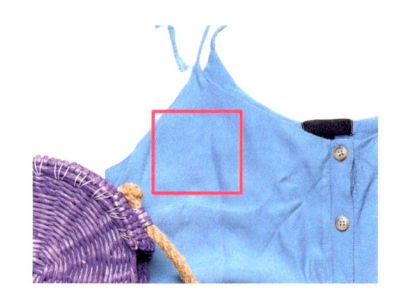

4 色合いを調整する

［色の置き換え］ダイアログ内の項目を設定します。
ここでは［許容量：+150］ **1**、［色相：+130］、
［彩度：+30］、［明度：-5］ **2** に設定し、《OK》
をクリックします **3**。

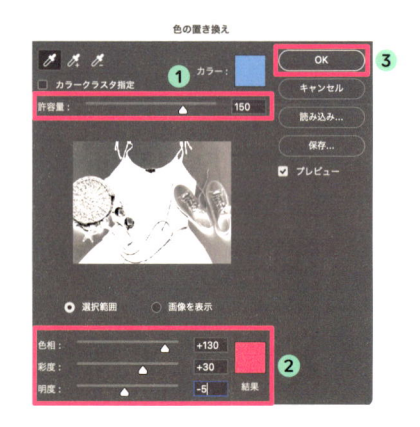

5

ワンピースの色を変えることができました。

FINISH!

☑ **置き換える色や設定を変更すると
いろいろなバリエーションが作れる！**

ワンピースやバッグを選択し、色を
変更してバランスを調整すると、さ
まざまな色のバリエーションが簡単
に作れます！

04 背景を透明にする

リースだけを切り抜いて背景を透明にしましょう！

3-04.psd
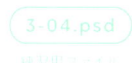

AFTER

BEFORE

(STEP 1) **オブジェクトを選択する**

1 「被写体を選択」をクリック する

画像を開いたら、「コンテキストタスクバー」の「被写体を選択」をクリックします。「コンテキストタスクバー」が表示されていない場合は、画面上部のメニューバーの「ウィンドウ」→「コンテキストタスクバー」で表示できます。

2 「選択とマスク...」で細部を 調整する

自動で選択範囲が作成されますが、細かな部分を調整するために「コンテキストタスクバー」の「選択範囲を修正」 をクリックし、「選択とマスク...」を選択します。

STEP 2 選択範囲を微調整する

1 選択できていない箇所を 確認する

「属性」タブの［表示モード］内、［表示］
から「オーバーレイ」を選択し **1**、［不透明
度：50%］**2** に設定します。
赤くなっている部分が選択されていない範囲
3、カラーで綺麗に見えている範囲は選択さ
れている範囲 **4** です。
画像をよく確認して、リースの一部に選択さ
れていない箇所がないか、余計な箇所が選択
されていないかを確認します。

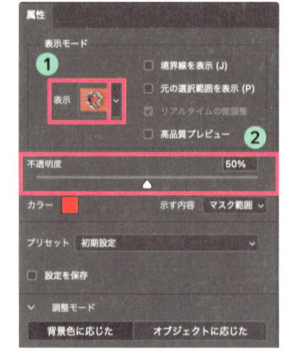

2 選択範囲を追加する

画面左のツールバーから「なげなわツール」
Q を選択します。「なげなわツール」は、
マウスでクリックしたまま一筆書きで囲んだ
範囲を選択することができます **1**。
一筆書きが難しい場合は「多角形選択ツール」
Q を選びましょう。「多角形選択ツール」
はクリックするたびに点が打たれ、始点と終
点を結んだ範囲内が選択範囲になります **2**。
同様に、選択されていない箇所があれば選択
範囲に追加しましょう。

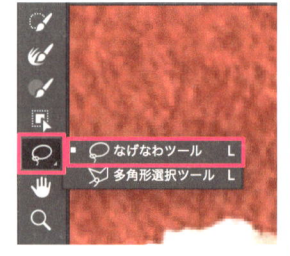

3 選択範囲を削除する

余計な部分が選択範囲に含まれている場合は、
「なげなわツール」**Q** や「多角形選択ツール」
Q を選択した状態で、option（Alt）を押し
続けます。
アイコン右下の「+」が「-」に変わったこと
を確認し **1**、キーを押したまま削除したい部
分を囲みます。
同様に、選択範囲から削除したい箇所があれ
ば削除しましょう。

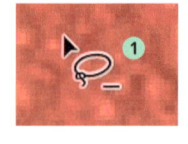

4

《OK》をクリックすると、選択範囲の調整が完了します。

CHAPTER 03

(STEP 3) マスクをかける

1　「レイヤーマスク」アイコンをクリックする

「レイヤー」パネル下部の「レイヤーマスク」をクリックすると、選択範囲を作成したリースの部分だけが残り、背景は透明になりました。

FINISH!

☑ **Webへアップロードしたり、**
　他のソフトでも使用する場合はpngに書き出そう！

データをそのまま保存するとPhotoshopの標準保存形式である「.psd」で保存されます。しかし、「.psd」のままではWebへアップロードしたり、他のソフトウェアでは使用できないことがほとんどです。画面上部のメニューバーの「ファイル」→「書き出し」→「Web用に保存（従来）...」などから「.png」に書き出すと、背景の透明を保ったまま、さまざまなソフトで使用することができるようになります。
　「.jpg」では背景の透明情報は保存されず、透明部分は真っ白になるので注意が必要です。

📖 「ファイルの書き出し」についてもっと詳しく ➜ p.154

アクセサリーをより輝かせる

暗くなってしまったアクセサリーをピンポイントで輝かせましょう！

3-05.psd

AFTER

BEFORE

STEP 1
イヤリング部分の選択範囲を作成する

1 「クイック選択ツール」を 選択する

イヤリングにだけ効果を加えたいので、選択
範囲を作ります。
画面左のツールバーから「クイック選択ツー
ル」 を選択します。「クイック選択ツール」
は、ツールのアイコンを長押しすると表示さ
れます。

2 「ブラシ」を設定する

「ブラシ」の設定は［直径：15px］、［硬さ：
100％］、［間隔：25％］に設定します。

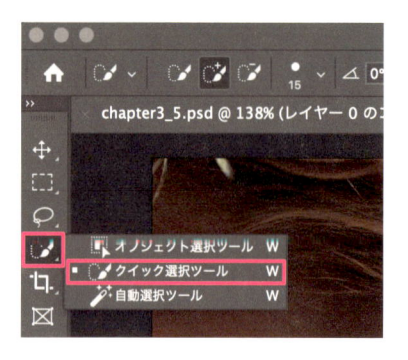

3　大まかに選択範囲を作る

イヤリング部分を少しずつクリックして選択
範囲を広げていきます。
今回の画像はイヤリングと肌の色が近いため、
クリックしたままマウスを動かすと肌にまで
選択範囲が広がってしまいます。少しずつク
リックしていきましょう。

　「クイック選択ツール」について
もっと詳しく → p.193

4　選択範囲を調整する

画面左のツールバーから「なげなわツール」
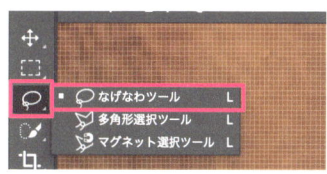　を選択します。「なげなわツール」は、
マウスでクリックしたまま一筆書きで囲んだ
範囲を選択することができます。イヤリング
の輪郭に沿ってマウスを動かしましょう。
選択範囲を広げるときは、 shift を押しな
がらマウスを動かします。
選択範囲の一部を削除するときは、 option
（ Alt ）を押しながらマウスを動かします。

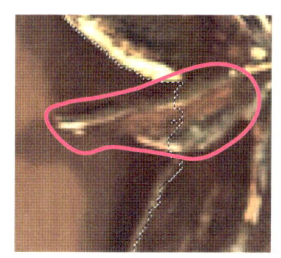

☑ 「選択範囲」を設定すると、選択した範囲内
　　だけに効果を与えることができる！

「選択範囲」を設定して「調整レイヤー」を適用すると、選択範囲の中だけに効果がかかります。
「ブラシツール」　などを使う場合でも、選択範囲の中だけにブラシが適用され、選択範囲外
には影響しません。

(STEP 2) ## コントラストを強める

1　「トーンカーブ...」を選択する

明るいところをより明るくし、暗いところは
より暗くしていきます。イヤリングの選択範
囲を選択したまま「レイヤー」パネル下部の
「塗りつぶしまたは調整レイヤーを新規作成」
　をクリックし、「トーンカーブ...」を選
択します。

2 明るい部分を さらに明るくする

「プロパティ」パネル内のをクリックします。その状態でイヤリングの明るい部分をクリックしたまま上にマウスを動かします。選択した部分がより明るくなります。

📖 「トーンカーブ」について もっと詳しく ➜ p.168

3 暗い部分をさらに暗くする

今度はイヤリング内の暗い部分をクリックして、そのまま下にマウスを動かします。
調整を行った結果、[トーンカーブ]が右下図のような形になります。

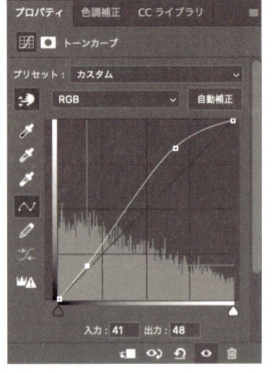

STEP 3 明るい部分をより明るくする

1 「調整ブラシツール」を 選択する

イヤリング全体をより明るくして輝きを強めていきます。
画面左のツールバーから「調整ブラシツール」🖌を選択します。

☑ 「調整ブラシツール」が見つからないときは？

「調整ブラシツール」 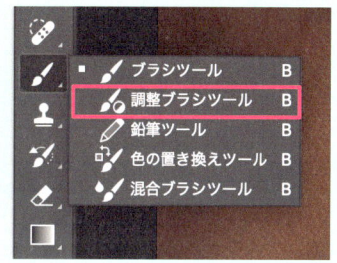 は、2024年5月のアップデート（Photoshop2024バージョン25.9）から使用できるようになったツールです。 アップデートがまだの場合は、Adobe Creative Cloudより最新版のPhotoshopにアップデートしましょう。

また、ツール自体の格納場所がリリース後に変更されています。以前は「ブラシツール」 と同じ場所に配置されていたため、見つからない場合はこちらも一度確認してみましょう。

2 調整ブラシを設定する

画面上部のオプションバーの［調整］のプルダウンから［露光量］を選択します❶。
また「ブラシ」の［直径：25px］、［硬さ：0％］に設定します❷。

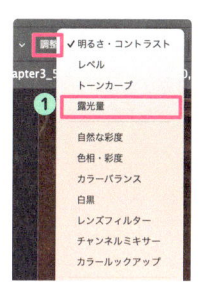
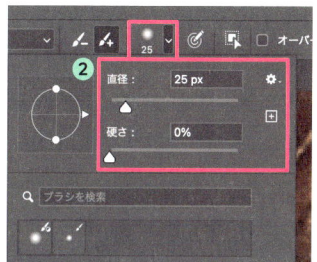

3 イヤリングを塗る

「レイヤー」パネルの「レイヤー0」（イヤリングの写真）を選択します。
イヤリングの上を塗っていきます。塗った部分が明るくなっていきます。

4

イヤリングがより輝いて見えるようになりました。

FINISH!

CHAPTER 03

動画でチェック!

06 照明をより明るく光らせる

照明を、より明るくきれいに光っているように見せましょう！

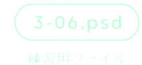
3-06.psd

AFTER

BEFORE

STEP 1 明るい部分をより明るくする

1 画像を「スマートオブジェクト」に変更する

これから行う加工の一部は、画像内に直接書き込まれるため、再編集ができません。「スマートオブジェクト」に変換することで何度も編集することができます。
加工したい画像を開きます。「画像のレイヤー」の上で右クリック→「スマートオブジェクトに変換」をクリックします。

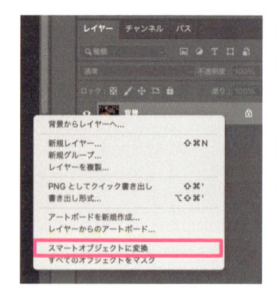

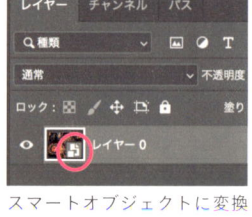

スマートオブジェクトに変換すると、レイヤーパネル内の画像のサムネイルにアイコンが追加される

2 「Camera Rawフィルター...」を選択する

画面上部のメニューバーの「フィルター」→［Camera Rawフィルター...］を選択します。

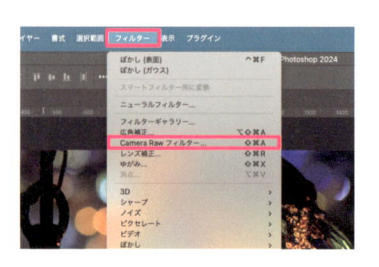

3 ハイライトをより明るくする

明るいところをより明るくすることで光を強くみせていきます。画面右側の項目から［ライト］内の数値を設定します。
ここでは、［ハイライト：+85］、［白レベル：+60］に設定し、《OK》をクリックします。

📖 「Camera Rawフィルター」について
もっと詳しく ➡ p.177

STEP 2 光源の明るさを足す

1 新しい「レイヤー」を作成する

「レイヤー」パネル下部の「新規レイヤーを作成」⊞ をクリックして、新しい「レイヤー」を作成します。

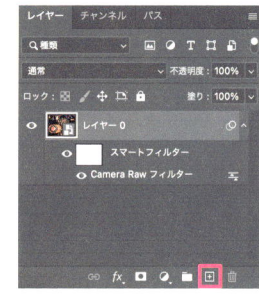
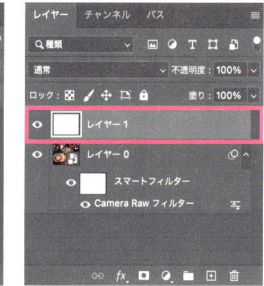

2 「ブラシツール」を選択する

画面左のツールバーから「ブラシツール」🖌 を選択します。「ブラシツール」は、ツールのアイコンを長押しすると表示されます。

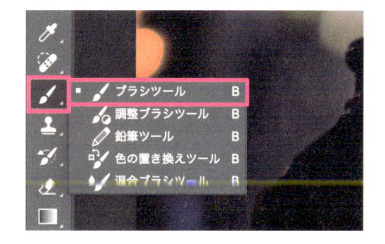

3 ブラシを設定する

画面上部のオプションバーで「ブラシ」の詳細を設定します ➊ 。
ここでは「ブラシ」の種類を［ソフト円ブラシ］➋ 、［直径：800px］、［硬さ：0％］➌ 、［不透明度：100％］ ➍ に設定します。

4 「描画色」を「白」にする

画面左の「ツールバー」から■をクリックして、描画色を設定します。

まず、①をクリックすると、描画色を［黒（#000000）］に、背景色を［白（#ffffff）］にできます。次に、②をクリックすると描画色と背景色を入れ替えられるので、描画色が「白」になります。

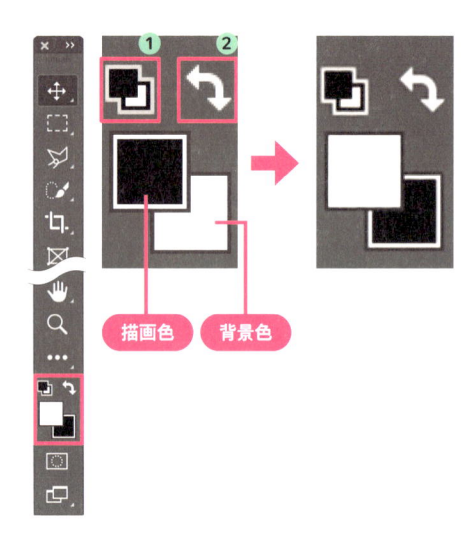

5 光源を描く

新しく作成した「レイヤー1」が選択されていることを確認し、光源があるランプの中央を1回クリックします。ぼかしが入ったような白い円を描くことができます。

もう片方のランプも同様に、ランプの中央を1回クリックして光源を加えます。

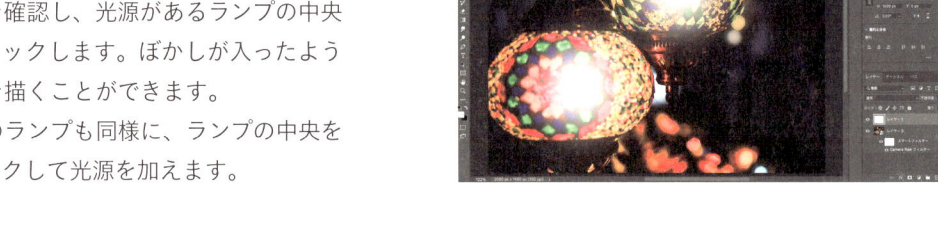

6 ［描画モード］を ［オーバーレイ］に変更する

光源を描いた「レイヤー1」が選択されている状態で、[描画モード] を [オーバーレイ] に変更します。

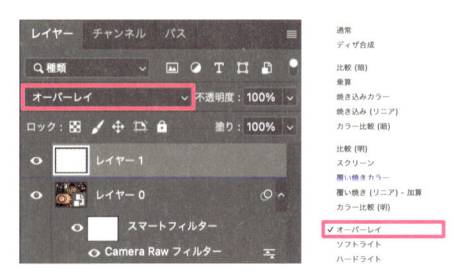

7

背景のランプとなじんで、より光って見えるようになりました。

FINISH!

07 思い出の写真をよりエモくする

2枚の写真を組み合わせて、思い出の写真をエモい雰囲気に仕上げましょう！

3-07-01.psd
3-07-02.psd

AFTER

BEFORE

STEP 1 ふんわりした雰囲気にする

1 元の画像を複製する

画像を開いたら、「レイヤー」パネル内の「背景のレイヤー」をクリックしたまま「新規レイヤーを作成」▣にドラッグします。
同じ画像の「レイヤー」が複製されました。

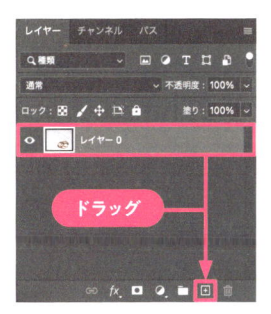

ドラッグ

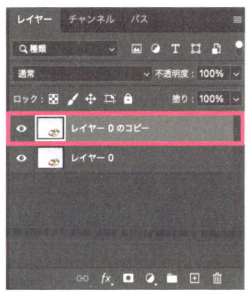

2 「ぼかし（ガウス）」を設定する

画面上部のメニューバーの「フィルター」→「ぼかし」→「ぼかし（ガウス）…」を選択し、表示された「ぼかし（ガウス）」ダイアログ内の［半径］の数値を設定します。半径が大きいほどぼかしが強くなります。ここでは［18.0px］に設定します。

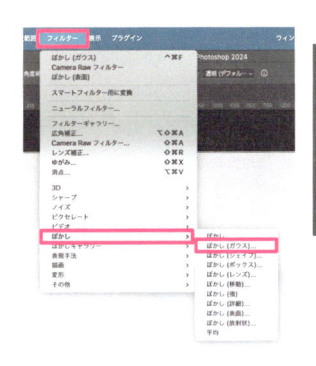

3 描画モードと不透明度を変更する

ぼかした「レイヤー」の［描画モード］を［スクリーン］に変更します。
下の画像とよりなじませるために［不透明度：50％］に設定すると、ふんわりとした雰囲気に仕上げることができます。

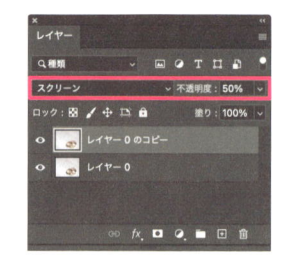

STEP 2 光を合成する

1 画像をファイル内で開く

玉ボケした画像を同じファイル内に開きます（サンプルでは「3-07-02.psd」）。ファイルを作業中の画面内にドラッグすると、同じファイル内に複数の画像を配置することができます。

2 画像の大きさを調整する

画像の四隅に表示されている四角のアイコン（バウンディングボックス）をドラッグすると、画像の大きさを変更できます❶。
背景の指輪の画像全体が隠れるまで大きさを調整し、大きさが決まったら画面上部の《○》をクリックして確定します❷。

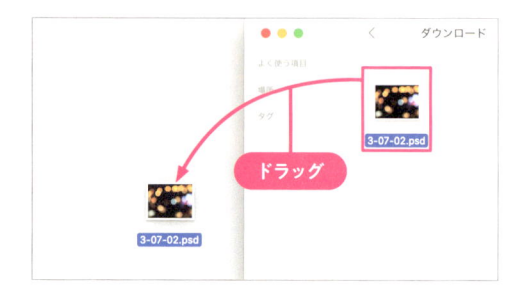

3 描画モードと不透明度を変更する

配置した画像の「レイヤー」❶が選択されていることを確認して、［描画モード］を［スクリーン］❷、［不透明度：50％］❸に設定します。
こうすることで、配置した画像と指輪の画像がなじみ、光を加えることができます。

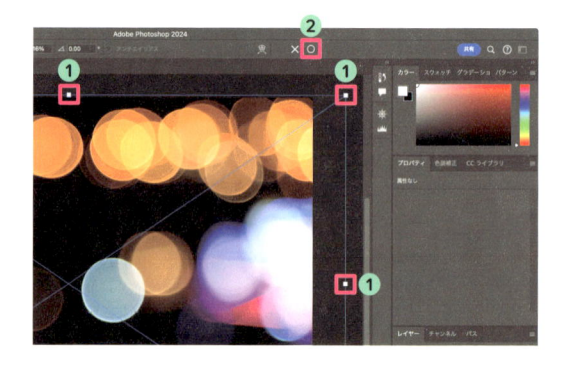

FINISH!

人物の写真を
整える

シミやニキビ、シワなど肌の
問題を丁寧に解決！
記念写真や、商品写真を
最高の肌質にしましょう！

動画でチェック!

01 ニキビを消す

赤みが気になるニキビを消して、肌をきれいにしましょう!

AFTER

BEFORE

（ STEP 1 ） 「削除ツール」でニキビを消す

1 「新規レイヤー」を作成する

加工したい画像を開いたら、「レイヤー」パネル上で「photo」と名前をつけます（サンプルでは最初から名前がついています）。「レイヤー」パネル下部の「新規レイヤーを作成」⊞ をクリックし、「新しいレイヤー」を作成します。「retouch」と名前をつけ、選択して加工していきます。

「新しいレイヤー」を選択

2 「削除ツール」を選択し設定する

画面左のツールバーから「削除ツール」 🪄 を選択し、画面上部のオプションバーでサイズなどを設定します。ここでは、[サイズ：40] **1** に、[全レイヤーを対象] **2**、[各ストローク後に削除] **3** にチェックを入れます。

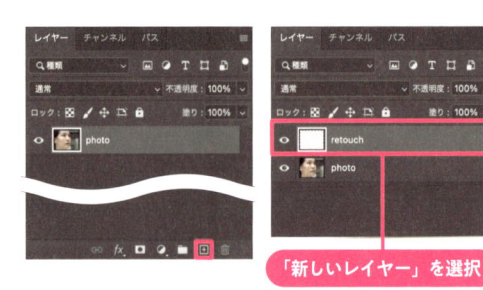

3　消したいニキビをなぞる

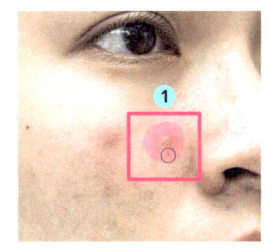 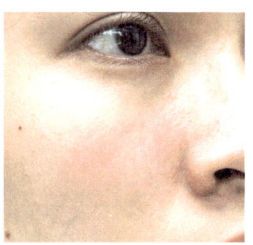

ほっぺたのニキビをクリック、もしくは囲む
ようにして塗りつぶします❶。塗りつぶした
箇所はうすいピンク色で表示されます。
マウスから手を離すと、塗りつぶした部分の
ニキビが消えました。

✅ オプションバーで対象を設定する

画面上部のオプションバーの［全レイヤーを対象］に
チェックを入れると、選択している「レイヤー」以外
も対象となります。また、［各ストローク後に削除］に
チェックを入れると、「削除ツール」 🪄 のブラシを離
した瞬間に修正されます。チェックを入れない場合は、
オプションバーの確定ボタン❶または return （ Enter ）で
確定します。
簡単な修正はチェックを入れ、複雑な修正はチェック
を外すのがおすすめです。

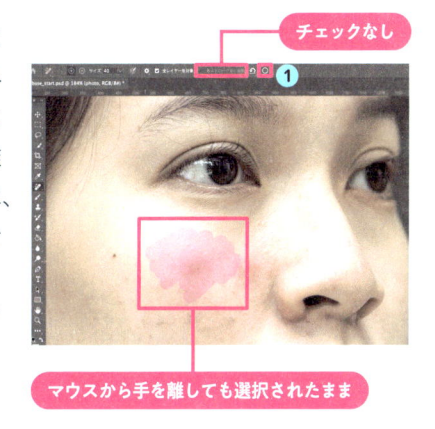

チェックなし

マウスから手を離しても選択されたまま

4　顎のニキビも消す

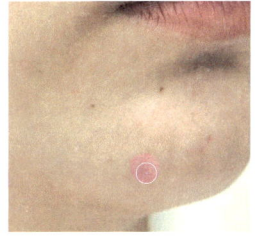 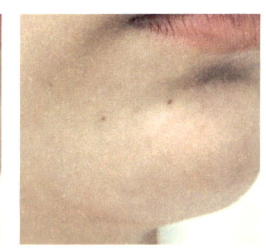

顎も同じように気になる部分を修正していき
ます。

5

最後に、引いた状態にして修正した箇所に色
ムラがないか確認しましょう。

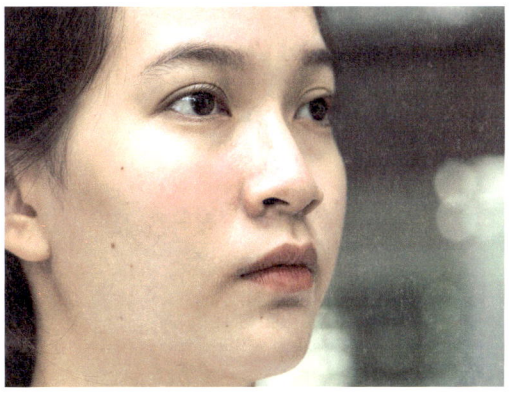

FINISH!

動画でチェック！

シワを薄くする

深くなったシワを薄くして、若々しい笑顔にしましょう！

4-02.psd

AFTER

BEFORE

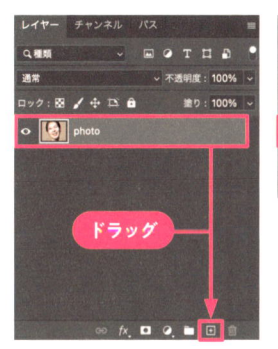

(STEP 1) 「コピースタンプツール」を設定する

1 「photoレイヤー」を複製する

画像を開いたら、「レイヤー」パネル上で
「photo」と名前をつけます（サンプルでは最
初から名前がついています）。「photoレイヤー」
をクリックしたまま「新規レイヤーを作成」
▣ にドラッグします。同じ画像の「レイヤ
ー」が複製されます。

これから行う編集は、画像に直接書き込まれ
るため複製し、「複製したレイヤー」で作業
します。この名前を「photo _02」とします。

ドラッグ

複製したレイヤー

☑ **なぜ複製するの？**

次の工程では「コピースタンプツール」▣ を使って修正しますが、「コピースタンプツール」
▣ はラスタライズ（画像の元データ形式をラスター形式に変換すること）された画像にしか適用で
きないため、ここではオリジナル画像を残す目的で画像を複製し、複製した画像を利用します。

2 「コピースタンプツール」を 選択し設定する

画面左のツールバーから「コピースタンプツール」 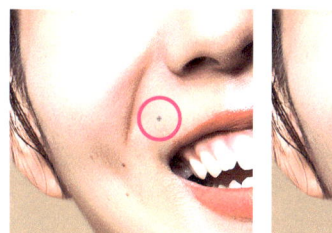 を選択し、画面上部のオプションバー内でサイズなどを設定します。今回は、[ブラシ]を[ソフト円ブラシ] ❶、[サイズ：100px] ❷、[モード：通常] ❸、[不透明度：50%] ❹、[流量：100%] ❺ に設定します。不透明度を半透明に設定して、少しずつ修正しましょう。

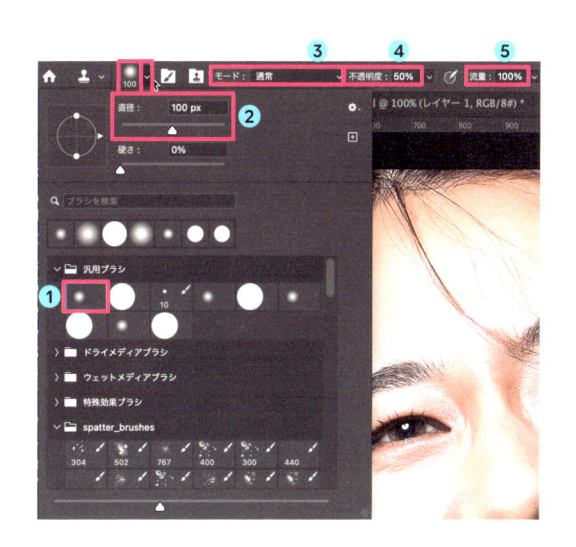
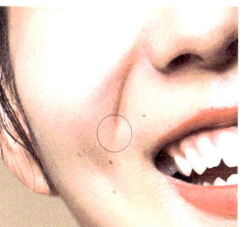

STEP 2　ほうれい線を薄くする

1 「コピースタンプツール」で 修正する

向かって左のほうれい線を薄くします。「コピースタンプツール」 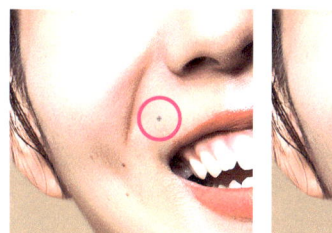 で修正したい箇所と似た色や質感の箇所を `option`（`Alt`）＋クリックしてコピーし、修正したい箇所をクリックして適用します。

2 質感を確認しながら 適用する

「コピースタンプツール」 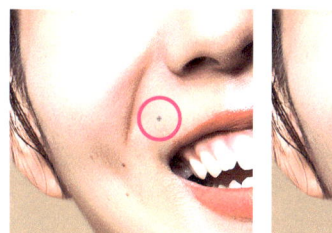 による補正はドラッグして広範囲を一度に補正することも可能ですが、違和感が出るケースも多いため、ここでは一気にドラッグせず、コピーとクリックを繰り返して少しずつ適用していきましょう。調整後のイメージが右図です。

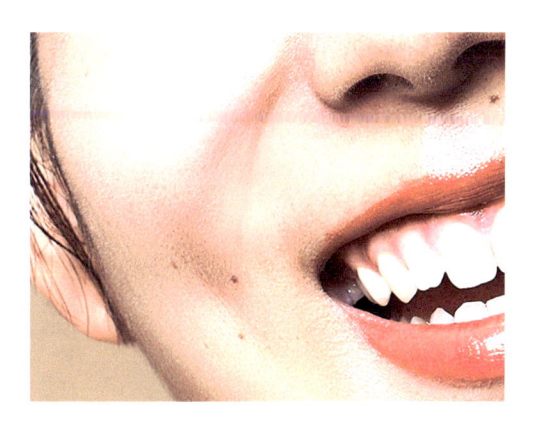

3　もう片方も修正する

続いて、向かって右のほうれい線も同様の操作で薄くします。

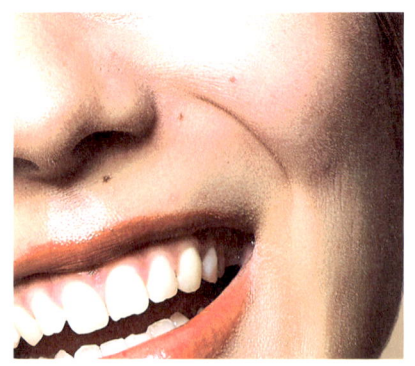

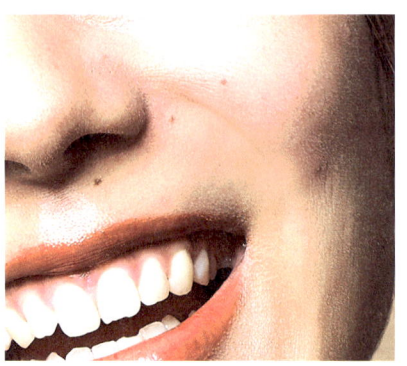

STEP 3　目尻のシワを薄くする

1　「ブラシ」サイズを調整する

向かって左の目尻のシワを薄くします。
目尻のシワは細かく調整したいため、「ブラシ」サイズを縮小します。ここでは、[直径]を [50px] にします。

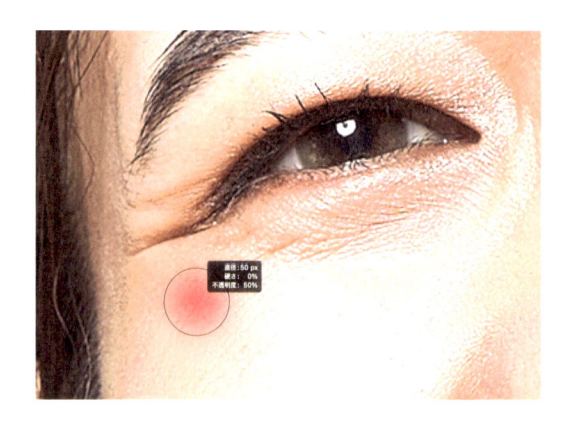

✅「ブラシ」サイズの変更方法

「ブラシ」サイズを変更する方法はいくつかありますが、ショートカットを使用すると直感的に「ブラシ」サイズを調整できます。Macの場合は、[control]＋[option]＋クリックしたまま左右に動かす、Windowsの場合は[Alt]＋右クリックで左右に動かします。
「ブラシ」サイズの大小は、境界付近をゆるやかにぼかしたいときは大きく、細かく調整したいときは小さくという形で使い分けます。

2 「コピースタンプツール」で 修正する

画面左のツールバーからほうれい線の修正と同様に、「コピースタンプツール」🔳を使って修正したい箇所と似た色や質感の箇所を [option]（[Alt]）＋クリックしてコピーし、修正したい箇所をクリックして適用します。

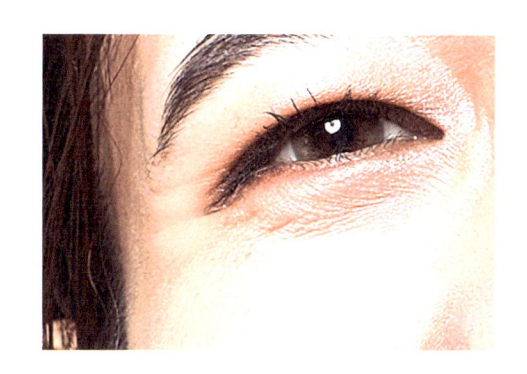

3 もう片方も修正する

向かって右の目尻のシワも同様に薄くします。

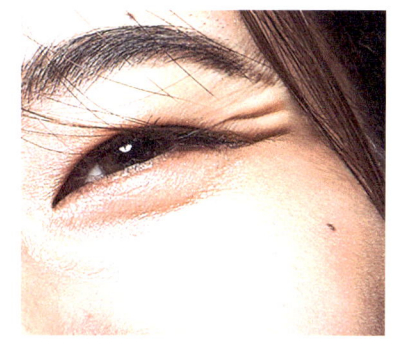

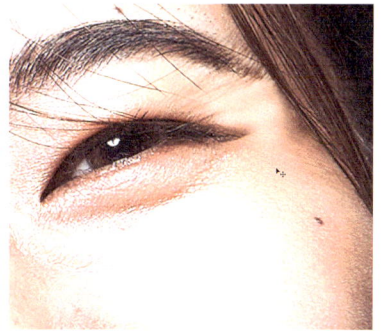

CHAPTER 04

4 修正を確認する

最後に、引いた状態にして修正した箇所を確認しましょう。

FINISH!

動画でチェック！

03 肌の質感を整える

顔全体のざらつきを消して、なめらかな肌にしましょう！

4-03.psd

AFTER

BEFORE

STEP 1 **全体をぼかす**

1 「photoレイヤー」を複製する

加工したい画像を開いたら、「レイヤー」パネル上で「photo」と名前をつけます（サンプルでは最初から名前がついています）。広い範囲を修正するため、まずは画像をぼかします。「レイヤー」パネルの「photoレイヤー」を選択したまま「新規レイヤーを作成」 にドラッグします。複製したレイヤーの名前を「photo_02」とし、選択してから、画面上部のメニューバーの「フィルター」→「ぼかし」→「ぼかし（ガウス）...」を選択します。

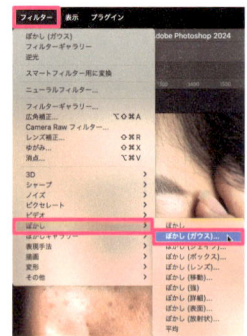

2　ぼかしを設定する

表示される「ぼかし（ガウス）」ダイアログで、[半径] を [20 pixel] に設定し、《OK》をクリックします。ぼかしが設定されました。

(STEP 2) # ぼかしを適用する

1　「レイヤーマスク」を追加する

「レイヤー」パネルの「photo_02レイヤー」を選択し、下部の「レイヤーマスク」 ■ をクリックします。「レイヤーマスク」サムネイルを選択し **1**、 `command` + `I` （`Ctrl` + `I`）で反転して、ぼかした画像をいったんマスクで非表示にします **2**。

📖 「レイヤーマスク」について
　もっと詳しく → p.190

2　ぼかしを修正したい箇所に
　　適用する

マスクを「ブラシ」で塗ることで、修正したい箇所のみにぼかした画像を適用します。少し大きめのブラシを使うと、境界を自然になじませることができます。

画面左のツールバーから [ブラシツール] 🖌 を選択し、画面上部のオプションバー内で、[ブラシ] を [ソフト円ブラシ] **1**、[サイズ：200px] **2**、[不透明度：100％] **3**、[流量：100％] **4** に設定します。

また、描画色を [白（#ffffff）] に設定し **5**、まずは鼻先や頬など広い範囲を調整します。

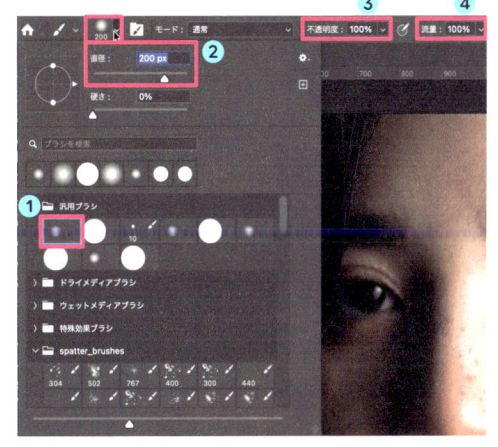

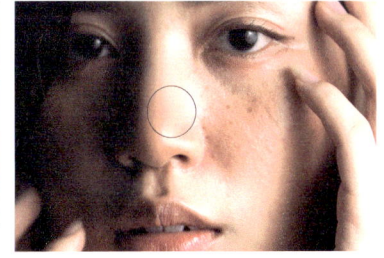

3 「ブラシ」を調整する

目や鼻の境界、指の間などは細かく調整した
いため、ブラシサイズを縮小します。ここで
は、[直径：100px] にして顔全体を調整し
ます。

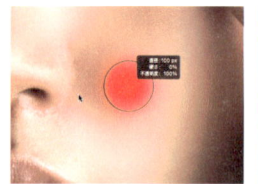

STEP 3 肌の質感を整える

1 新規レイヤーを作成する

加工した印象を軽減するため、新しいレイヤ
ーを作成してテクスチャを加えます。
「レイヤー」パネル下部の「新規レイヤーを
作成」 ⊞ をクリックし、作成された新しい
レイヤーを「texture」とします。画面上部
のメニューバーの「編集」→「塗りつぶし」
を選択します。

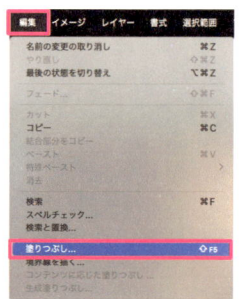

2 レイヤーを塗りつぶす

表示される「塗りつぶし」ダイアログで[ホ
ワイト]に設定し、《OK》をクリックして白
く塗りつぶします。

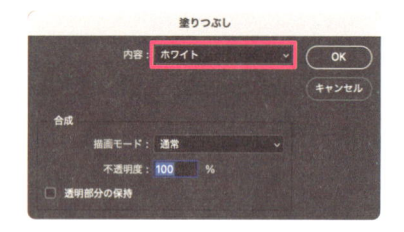

3 テクスチャライザーを作成する

画面上部のメニューバーの「フィルター」→
「フィルターギャラリー...」を選択します。
表示されるダイアログで「テクスチャ」→「テ
クスチャライザー」を選択し、[テクスチャ：
砂岩]、[拡大・縮小：130％]、[レリーフ：
50]、[照射方向：右上へ]に設定し、《OK》
をクリックします。

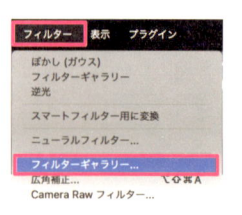

4

テクスチャが作成されました。

5　テクスチャを適用する

マスクをかけて作成したテクスチャを修正箇所のみに適用します。
「レイヤー」パネルの「textureレイヤー」を「photo_02レイヤー」でクリッピングマスク（2つのレイヤーの間を option ＋クリック（ Alt ＋クリック）をかけます。
元の画像は残っているので、「レイヤー」上で右クリック→「クリッピングマスクを解除」で元の画像に戻すことも可能です

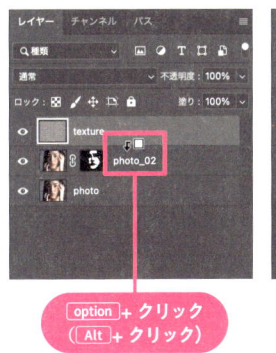

6　テクスチャをなじませる

顔にテクスチャが適用されます。テクスチャをなじませるため、「レイヤー」パネルの「textureレイヤー」を選択し、[描画モード]を [オーバーレイ]、[不透明度：10％] に設定します。

CHAPTER 04

7

これで完成です。
引いて全体を確認しましょう。

FINISH!

動画でチェック！

04 メイクを加える

目元くっきり、アイメイクに挑戦しよう！

4-04.psd

AFTER

BEFORE

(STEP 1) 「ブラシ」でアイシャドウを塗る

1 新規レイヤーを作成する

加工したい画像を開いたら、「レイヤー」パ
ネル上で「photo」と名前をつけます（サン
プルでは最初から名前がついています）。「レイ
ヤー」パネル下部の「新規レイヤーを作成」
🔲 をクリックし、「新しいレイヤー」を作
成します。「pink」と名前をつけます。

2 「ブラシツール」を設定する

画面左のツールバーから「ブラシツール」
🖌 を選択し、画面上部のオプションバー内
で、［ブラシ］を［ソフト円ブラシ］ **1**、［サ
イズ：60px］ **2**、［不透明度：100％］ **3**、［流
量：100％］ **4** に設定します。

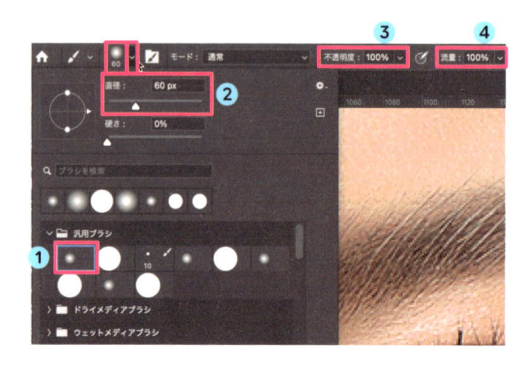

3 　左目の周りに塗る

描画色を［ピンク（#e41769）］にし、左目の周りを大雑把に塗っていきます。

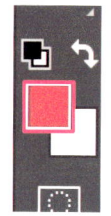
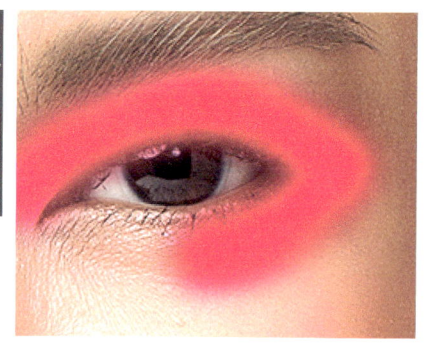

STEP 2 　アイシャドウを調整する

1 　マスクで形を整える

「レイヤー」パネルの「pinkレイヤー」を選択し、下部の「レイヤーマスク」  をクリックして、描画色を［黒（#000000）］にします。

📖 「マスク」についてもっと詳しく ➜ p.196

2 　「ブラシ」サイズを変更する

「ブラシ」サイズを［100px］と大きくし、まずは目の外側付近をクリックして整えていきます。

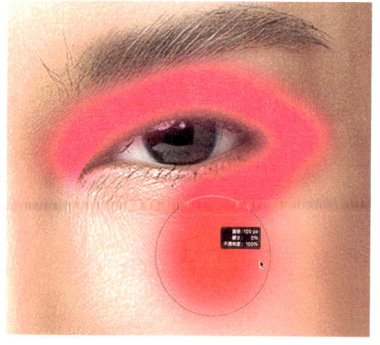

☑「マスク」と描画色と背景色

「レイヤーマスク」に黒で塗っていくことでピンクの塗りを少しずつ削っていくイメージです。

削りすぎてしまったときは、描画色を［白（#ffffff）］にして調整します。「マスク」を微調整する場合、黒と白の色の入れ替えをよく行います。描画色と背景色の入れ替えのショートカットは X です。

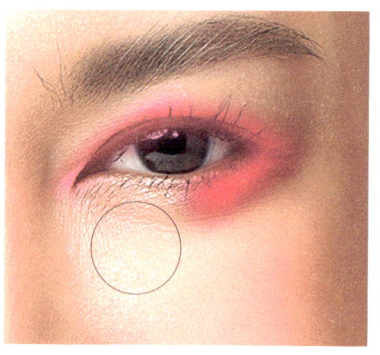

3 「ブラシ」サイズを小さくする

続いて、目の中に被っている内側と全体的な
バランスを整えていきます。「ブラシ」サイ
ズを［20px］と小さくして細かく調整します。
かぶっている部分を塗りつぶし、色の部分を
削っていきます。
調整後のイメージが右下の図です。

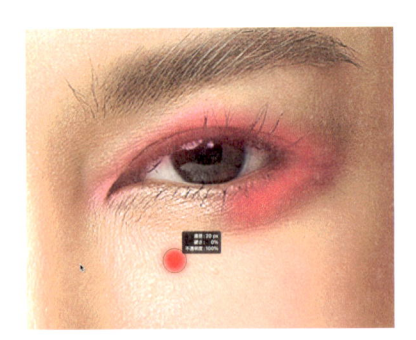

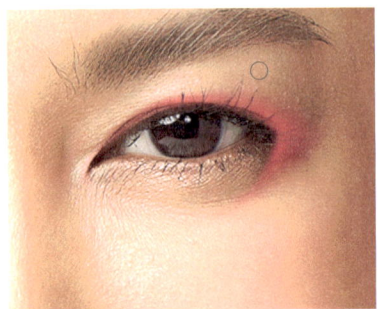

4 アイシャドウをなじませる

「レイヤー」パネルの「pinkレイヤー」が選
択されていることを確認し、［描画モード］
を［乗算］ **1**、［透明度：60％］ **2** に設定し
ます。調整後のイメージが右側の図です。

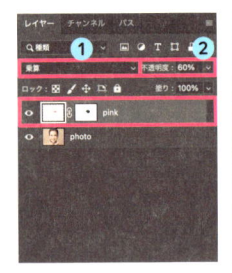

STEP 3 　**涙袋をふっくらさせる**

1 ハイライトを加える

涙袋にハイライトを足してふっくらさせます。
「レイヤー」パネル下部の「新規レイヤーを
作成」 をクリックし、「white」と名前を
つけます。描画色を［白（#ffffff）］にして、
涙袋の中央付近を塗っていきます。

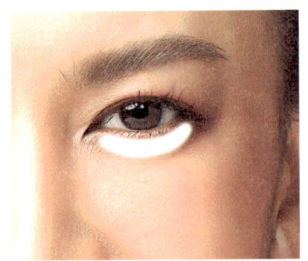

2　マスクでハイライトの　形を整える

「レイヤー」パネル下部の「レイヤーマスク」 をクリックし、描画色を［黒（#000000）］に、「ブラシ」サイズを［60px］にして、ハイライトを整えていきます。

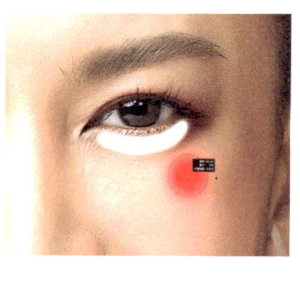

3　涙袋をなじませる

涙袋ができましたが、まだ不自然なのでさらにハイライトをなじませます。
「レイヤー」パネルの「whiteレイヤー」を選択し、［描画モード］を［オーバーレイ］ **1**、［不透明度：50％］ **2** に設定します。

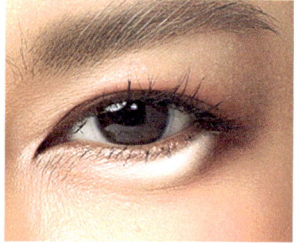
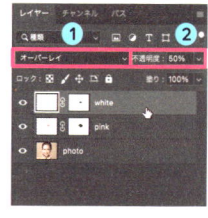

4

涙袋が自然なイメージになりました。

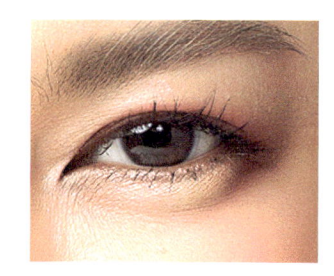

(SITEP 4)　全体をなじませる

1　レイヤーをグループ化する

「レイヤー」パネルの「pinkレイヤー」と「whiteレイヤー」を選択し、グループ化（ command ＋ G （ Ctrl ＋ G ）） して、グループ名を「left」とします。「leftグループ」の右側をダブルクリックします。

ダブルクリック

2 明るい色をなじませる
   ブレンドを設定する

表示される「レイヤースタイル」ダイアログでブレンドを設定します。[下になっているレイヤー］の白のスライダーを左に移動して[200]とします。

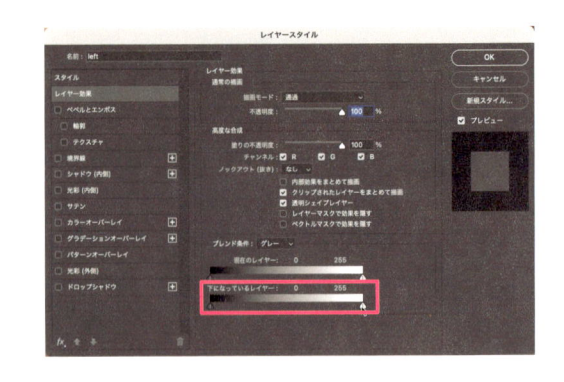

3 さらになじませる

続けて白のスライダーを option （ Alt ）を押しながらドラッグして分割し、分割した白のスライダーを［150］とします。
《OK》をクリックして確定します。

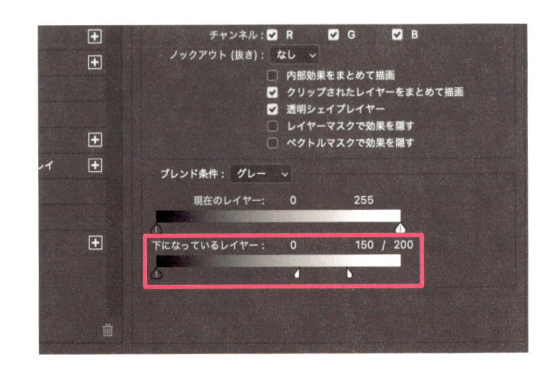

4

アイシャドウがきれいに入りました。

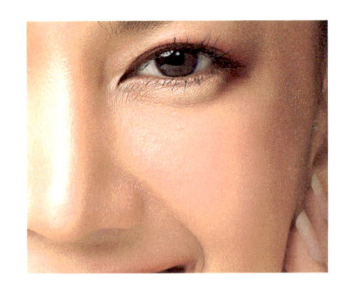

5 右目にもアイシャドウを
   入れる

右目も同様にアイシャドウ、ハイライトを塗り、［描画モード］、［不透明度］、［ブレンド］でなじませて完成です。

FINISH!

合成写真を作る

Photoshopの醍醐味！
写真を合成してみましょう！

動画でチェック!

01 髪をきれいに切り抜いて合成する

細かい髪の毛まできれいに合成しよう！ (5-01-01.psd) (5-01-02.psd)

AFTER

BEFORE

STEP 1 人物を切り抜く

1 「被写体を選択」を使う

加工したい画像を開いたら、「photo」と名前をつけます **1**（サンプルでは最初から名前がついています）。「photoレイヤー」を選択し、「コンテキストタスクバー」の「被写体を選択」を選択します **2**。続けて、「コンテキストタスクバー」の「選択範囲を修正」 → 「選択とマスク」を選択します **3**。

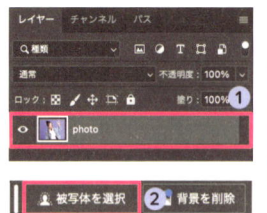

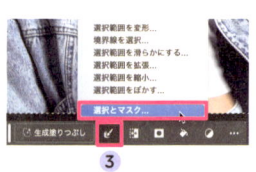

2 「選択とマスク」で調整する

「選択とマスク」ワークスペースで選択範囲を調整します。まずは頭付近に残っている背景を調整します **1**。画面上部のオプションバーの「髪の毛を調整」をクリックし **2**、お団子付近の髪の毛を調整します。

3 「境界線調整ブラシツール」で調整する

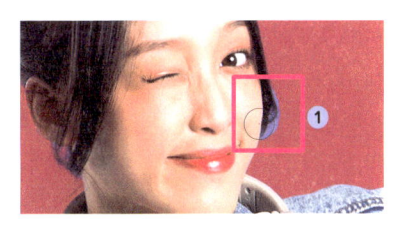

顔横の毛先のマスクがうまくいかない場合は、画面左のツールバーから「ブラシツール」を選択して塗りつぶし **1**、「境界線調整ブラシツール」で髪の毛の外側をなぞるイメージで調整します **2**。「髪の毛を調整」は、画像によってはきれいに調整できないこともあります。その場合、command ＋ Z （ Ctrl ＋ Z ）を押していったん取り消して、やり直すことも可能です。

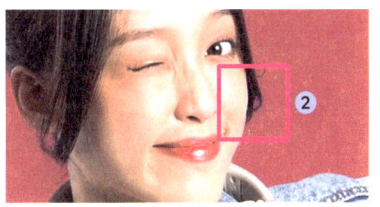

4 全体を調整する

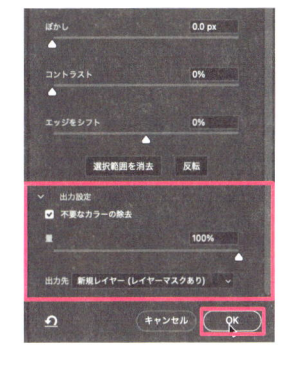

「ブラシツール」と「境界線調整ブラシツール」を使って全体を調整したら、[出力設定]の[不要なカラーの除去]にチェックを入れ、[出力先：新規レイヤー（レイヤーマスクあり）]を選択して、《OK》をクリックします。

⊙ 余分なピクセルを除去する

[不要なカラーの除去]はフリンジと呼ばれる境界付近の余分なピクセルを除去することが可能です。画像に応じて調整しましょう。

5

切り抜いた人物の調整ができました。

6 壁の画像を配置する

人物の切り抜きのうしろに壁を配置します。
壁の画像（サンプルでは「5-01-02.psd」）を
選択し、カンバスにドラッグして配置したら、
「レイヤー」パネルで「wall」と名前をつけ
ます。

7 背景に配置する

「レイヤー」パネルの「wallレイヤー」をド
ラッグして、一番下に配置します。

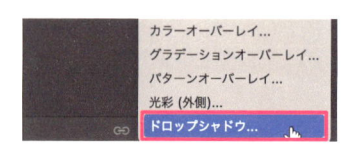

8 人物に影をつける

人物に「ドロップシャドウ」で影をつけます。
「レイヤー」パネルで切り抜いた「photoレ
イヤー」を選択し、下部の「レイヤースタイ
ルを追加」 *fx* →「ドロップシャドウ...」を
選択します。
表示される「レイヤースタイル」ダイアログで、
［構造］を［描画モード：乗算］にして、カ
ラーを［黒（#000000）］、［不透明度：40％］、
［角度：60°］、［距離：100px］、［スプレッド：
0％］、［サイズ：20px］にします。
さらに［画質］を［輪郭：線形］、［ノイズ：
0％］に設定して、《OK》をクリックします。

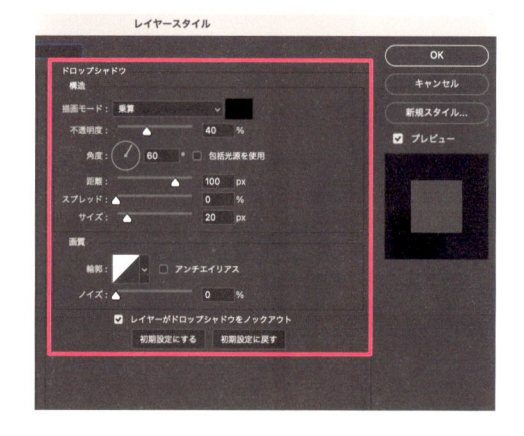

9

効果が適用されました。

動画でチェック！

02 曇り空を晴れにする

どんよりした空をさわやかな青空に換えよう！

AFTER

BEFORE

STEP 1 青空に置き換える

1 「空を置き換え...」を選択する

加工したい画像を開いたら、「photo」と名前をつけます（サンプルでは最初から名前がついています）。「photoレイヤー」を選択し、画面上部のメニューバーの「編集」→「空を置き換え...」を選択します。

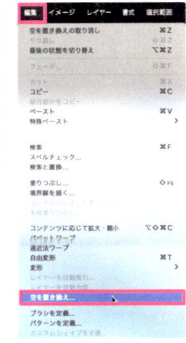

2 「空を置き換え」ダイアログを設定する

表示される「空を置き換え」ダイアログでサムネイル右の▼をクリックし 1、「空のプリセットメニュー」下部の「空の画像を読み込み」 ⊞ をクリックします 2。

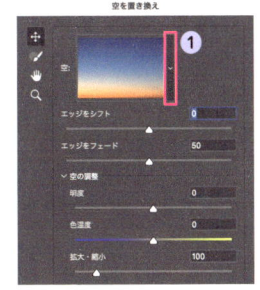

CHAPTER 05

3 青空の画像を挿入する

空の画像（サンプルでは「5-02-02.psd」）を
選択して、《開く》をクリックします。
「空のプリセットメニュー」に戻り、読み込
んだ空のサムネイルを選択するとカンバスの
空が置き換わります。

4 読み込んだ空を調整する

「空を置き換え」ダイアログで、[エッジを
シフト：0]、[エッジをフェード：50]に設
定し、[空の調整]を[明度：0]、[色温度：
0]、[拡大・縮小：110]に設定します。

5 前景を調整する

カンバスの空を上にドラッグして位置を移動
します。
[前景の調整]の[照明モード]では前景を
明るくしたいので[スクリーン]を選択しま
す。さらに、[前景の明暗：100]、[エッジの
明暗：50]、[カラー調整：50]に、[出力]
を[出力先：新規レイヤー]に設定して、
《OK》をクリックします。

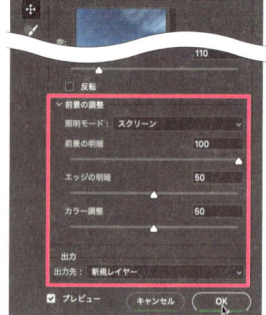

###

青空になりました。

FINISH!

03 パソコン画面に画像をはめ込む

パソコン画面にタミー画像を合成しよう！

5-03-01.psd 5-03-02.psd

AFTER

BEFORE

(STEP 1) ## パソコン画面をマスクで調整する

1 「自動選択ツール」を利用する

加工したい画像を開いたら、「photo」と名前をつけます（サンプルでは最初から名前がついています）。「photoレイヤー」を選択し、画面左のツールバーから「自動選択ツール」 を選択します **1**。画面上部のオプションバーで［許容値：50］、［アンチエイリアス］と［隣接］にチェックを入れます **2**。

⊘ オプションバーでの設定

［許容値］では選択したピクセルのカラー範囲を決定します。許容値を高くすると、選択されるカラーの範囲が大きくなります。

［アンチエイリアス］にチェックを入れると滑らかなエッジの選択範囲となります。

［隣接］にチェックを入れると隣り合った領域だけ選択されます。

2 選択範囲を作成する

パソコン画面の白い領域をクリックし、選択
範囲を作成します。
点線で囲まれている部分が選択範囲です。

3 パソコン画面をマスクで
　　 調整する

パソコン画面の下にはめ込み画像を配置する
ため、パソコン画面に穴があくようにマスク
で調整します。
画面上部のメニューバーの「選択範囲」→「選
択範囲を反転」を選択します❶。次に「レイ
ヤー」パネル下部の「レイヤーマスク」◻
をクリックし、マスクを追加します❷。

(STEP 2) 画像をはめ込む

1 画像を配置する

はめ込む画像（サンプルでは「5-03-02.psd」）
を選択し、カンバスにドラッグして配置しま
す。追加した画像のレイヤー名を「screen」
とします（サンプルデータでは最初から名前が
ついています）。

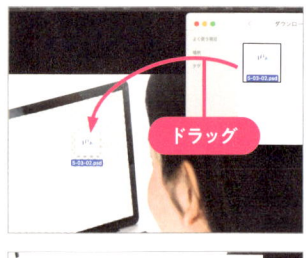

2 レイヤーを配置する

「レイヤー」パネルの「screenレイヤー」を「photoレイヤー」の下に配置します。

3 パースを調整する

画面上部のメニューバーの「編集」→「変形」→「多方向に伸縮」を選択します。

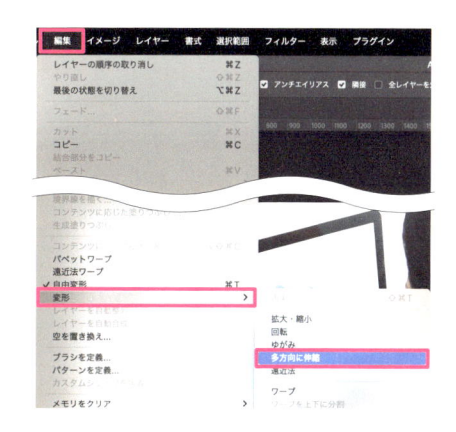

4 角度を合わせる

パソコン画面の角度に合わせて、四隅に表示された四角いアイコン（バウンディングボックス）をドラッグして位置を調整します。
調整ができたら、return（Enter）を押して確定します。

バウンディングボックス

FINISH!

動画でチェック!

04 ポップな印象のコラージュを作る

マカロンでポップアートを作ろう!

5-04.psd

AFTER

BEFORE

(STEP 1) **マカロンを切り抜く**

1 「被写体を選択」を利用する

加工したい画像を開いたら、「photo」と名前をつけます(サンプルでは最初から名前がついています)。「photoレイヤー」を選択し、「コンテキストタスクバー」から「被写体を選択」を選択します。「コンテキストタスクバー」は、画面上部のメニューバーの「ウィンドウ」→[コンテキストタスクバー]で表示できます。

2 マスクでマカロンを切り抜く

「コンテキストタスクバー」から「選択範囲からマスクを作成」 をクリックし、マスクでマカロンを切り抜きます。

3 画像を「スマートオブジェクト」に変更する

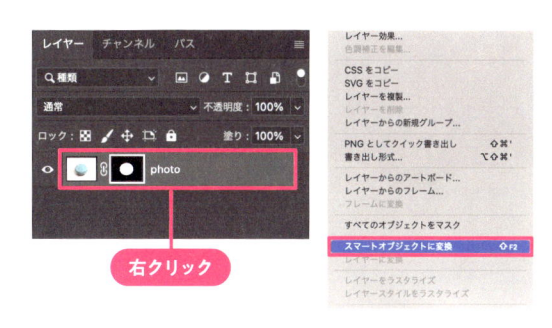

ここでは、後の工程でマカロンを拡大・縮小するため画像が劣化しないように、「スマートオブジェクト」に変換します。「レイヤー」パネルで「photoレイヤー」の名前を右クリックし、「スマートオブジェクトに変換」を選択します。

4 「べた塗り」で背景を塗りつぶす

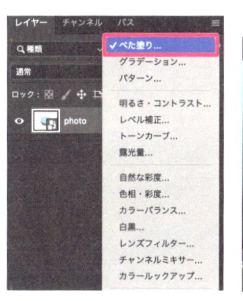
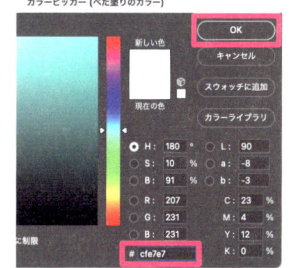

背景が透過されたので、背景をべたで塗りつぶします。
「レイヤー」パネル下部の「塗りつぶしまたは調整レイヤーを新規作成」 をクリックし、「べた塗り...」を選択します。表示される「カラーピッカー（べた塗りのカラー）」ダイアログで[カラーコード]を[水色(#cfe7e7)]にして、画面上部の《OK》をクリックします。

5 「べた塗りレイヤー」に名前を付ける

「レイヤー」パネルで「べた塗りレイヤー」の名前を「bg」とし、「photoレイヤー」の下に配置します。

CHAPTER 05

STEP 2　マカロンを調整する

1　マカロンの大きさを調整する

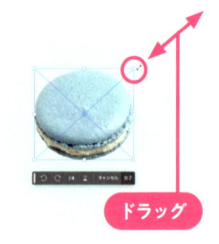

ドラッグ

「レイヤー」パネルの「photoレイヤー」を選択し、画面上部のメニューバーの「編集」→「自由変形」を適用して、四隅に表示された四角いアイコン（バウンディングボックス）❶を内側にドラッグして縮小します。

⊘ 縦横比を固定する

縦横比を固定したままレイヤーを拡大・縮小する場合、オプションバーの「縦横比を固定」 🔗 をオンにしましょう。

W：100.00%　🔗　H：100.00%

2　マカロンの角度を調整する

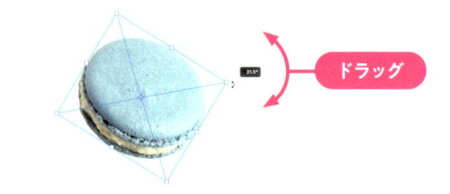

ドラッグ

カーソルをコーナーハンドル（バウンディングボックス）の外側に置いてドラッグし、return（Enter）を押して確定します。

3　マカロンを増やす

「レイヤー」パネルの「photoレイヤー」を選択し、画面左のツールバーから「移動ツール」 ✛ を選択します。カンバスのマカロンを option（Alt）を押しながらドラッグして複製します。

先ほどと同様に、画面上部のメニューバーの「編集」→「自由変形」を適用し、拡大・縮小および回転で角度を調整します。

同様の操作を繰り返し、マカロンを計5個配置します。

option
Alt

4 マカロンの数をさらに増やす

「レイヤー」パネルの一番上の「photoレイヤー」を選択し、[Shift]を押しながら一番下の「photo」レイヤーを選択します。選択した状態で[command]＋[J]（[Ctrl]＋[J]）を押して複製します。

5 水平方向に反転する

画面上部のメニューバーの「編集」→「自由変形」を適用して、カンバスを右クリックし、「水平方向に反転」を選択し[return]（[Enter]）を押して確定します。

右クリック

6 「移動ツール」で調整する

「移動ツール」で、複製した5つのマカロンの位置、大きさ、角度をそれぞれ調整します。

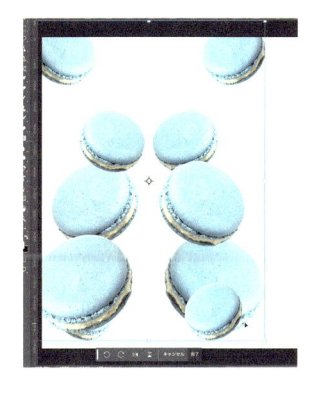

7

マカロンのコラージュが完成しました。

FINISH!

動画でチェック！

05 架空の景色を作る

背景を生成して新しい写真を作ろう！

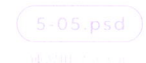

5-05.psd

AFTER

BEFORE

(STEP 1) **背景を拡張する**

1 「生成拡張」で領域を拡張する

加工したい画像を開いたら、「photo」と名前
をつけます（サンプルでは最初から名前がつい
ています）。「photoレイヤー」を選択し **1**、
画面左のツールバーから「切り抜きツール」
を選択して **2**、オプションバーの「塗り：
生成拡張」を選択します **3**。「生成拡張」「生
成塗りつぶし」を利用するには、インターネ
ットに接続する必要があります。

2 架空の領域を作る

右端のハンドルを右にドラッグし、カンバス
の右側を拡張します。

3　背景を生成する

「コンテキストタスクバー」でプロンプト❶を
何も入力せず、「生成」を選択します❷。
「コンテキストタスクバー」が表示されない場
合は、画面上部のメニューバーの「ウィンドウ」
→「コンテキストタスクバー」を選択します。
生成されたら、「プロパティ」パネルのバリエー
ションからイメージに近い候補を選択します。

⊘ 生成レイヤー

　「生成拡張」、「生成塗りつぶし」は「生成レイヤ
ー」と呼ばれる新しい
「レイヤー」が作成され、
「プロパティ」パネル
から別の生成を行うこ
とが可能です。

4　「生成塗りつぶし」で　オブジェクトを生成する

画面左のツールバーから「長方形選択ツール」
▢ を選択して、カンバス右の空いているス
ペースに選択範囲を作り❶、「コンテキスト
タスクバー」から「生成塗りつぶし」を選択
します❷。

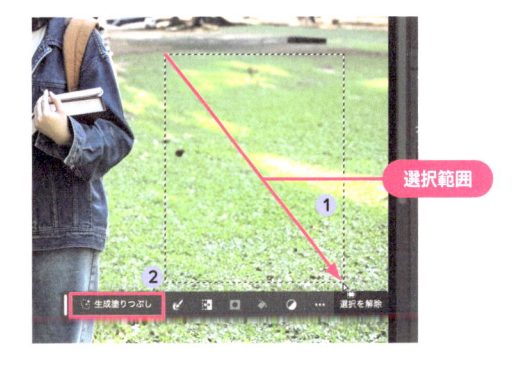

5　バリエーションを配置する

プロンプトに「ゴールデンレトリバー」と入
力して「生成」を選択し、「プロパティ」パ
ネルのバリエーションからイメージに近い候
補を選択すると、配置されます。

FINISH!

COLUMN

生成AI（Adobe Firefly）の注意点

Adobe Fireflyはアドビ社が提供する生成AIで、昨今ではPhotoshopをはじめとするCreative Cloudの各種アプリに組み込まれています。制作工程の時短や既存の制作スタイルを変化させるといった大きな可能性を秘めている一方、注意が必要な点もあります。

1 生成クレジットの付与数と消費数

Creative Cloudの各種アプリケーションで生成AIの機能を使うことで、生成クレジットが消費されます。付与される生成クレジットは契約しているプランによって異なります。生成クレジットのカウントは毎月リセットされ、月ごとに繰越はされません。

※付与される生成クレジットや消費数は今後変わる可能性があります。最新情報は以下のURLからご確認ください。
https://helpx.adobe.com/jp/firefly/using/generative-credits-faq.html

残りの生成クレジットはFireflyのWebアプリまたはアドビアカウントから確認できます。

Creative Cloud 単体プラン	月間の生成クレジット
Creative Cloud コンプリートプラン	1,000
Creative Cloud 単体プラン Illustrator、InDesign、Photoshop、Premiere Pro、After Effects、Audition、Animate、Adobe Dreamweaver、Adobe Stock、フォトプラン1TB	500
Creative Cloud 単体プラン Creative Cloud フォトプラン20GB／2023年11月1日より前のサブスクリプション 2023年11月1日以降のサブスクリプション	250 100
Creative Cloud 単体プラン Lightroom	100
Creative Cloud 単体プラン InCopy、Substance 3D Collection、Substance 3D Texturing、Acrobat Pro	25

2 整合性が取れていないイメージが
生成されることがある

「生成塗りつぶし」や「生成拡張」はとても便利ですが、整合性がとれていない生成結果となる場合があります。意図していない生成結果であったり、わかりやすい間違いであれば気づきやすいのですが、注意してみないとわからない場合もあります。特にアートワークとして世に出す場合は、生成結果に整合性が取れていない点がないかよく確認しましょう。

「茶色のベンチ」というプロンプトで生成したこの結果では、ベンチの手すりや足の整合性が取れていません。

06　手書き文字を写真に重ねる

自分で書いた文字を写真に重ねよう！

5-06-01.psd　5-06-02.psd

AFTER

BEFORE

STEP 1　手書き文字をレベル補正する

1　カンバスを準備する

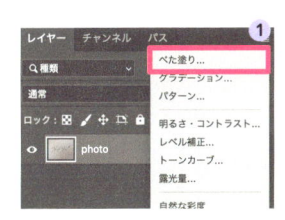
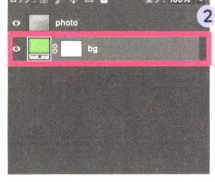

書いた文字の画像を開き、レイヤー名を「photo」とします（サンプルでは最初から名前がついています）。「レイヤー」パネル下部の「塗りつぶしまたは調整レイヤーを新規作成」◐ をクリックし、「べた塗り」を選択します **1**。

「カラーピッカー（べた塗りのカラー）」でカラーを［黄緑（#71c62d）］に設定し、カンバスを塗りつぶします。

こうすることで背景の消し残りに気づきやすくなります。

塗りつぶしたカンバスは「レイヤー」パネルで「bg」と名前をつけ、一番下に移動させます **2**。

☑ **マジック消しゴムツールと**
　スマートオブジェクト

環境設定によって、画像を読み込む際にスマートオブジェクトに変換されます。この後使用する「マジック消しゴムツール」✦ はスマートオブジェクトに適用できないので、画像によってはラスタライズ（画面上部のメニューバーの「レイヤー」→「ラスタライズ」）する必要があります。

2　レベル補正で白黒を
　　はっきりさせる

手書き文字の画像が少し暗いので、「photoレイヤー」を選択し、「レイヤー」パネル下部の［塗りつぶしまたは調整レイヤーを新規作成］ ◎ をクリックして、「レベル補正...」を選択します①。

「プロパティ」パネルで［シャドウ：20］、［中間調：1.00］、［ハイライト：120］に設定します②。

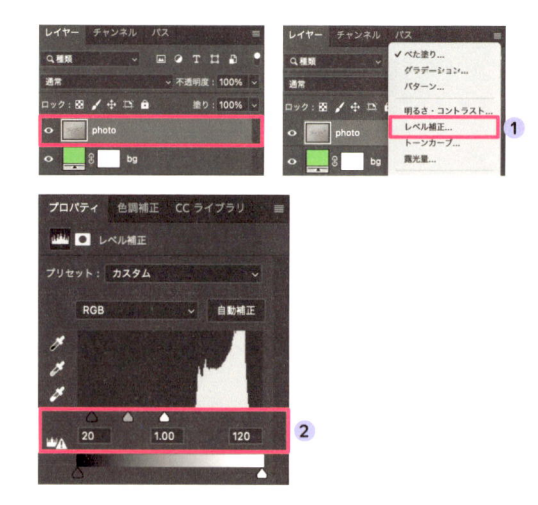

3

文字がきれいに見えるようになりました。

STEP 2　手書き文字の背景を除去する

1　レイヤーをまとめる

「レイヤー」パネルの「レベル補正１レイヤー」を選択し、「photoレイヤー」を shift を押しながらクリックして２つのレイヤーを選択します。右クリックして「レイヤーを結合」を選択します①。結合したレイヤーの名前を「txt」とします②。

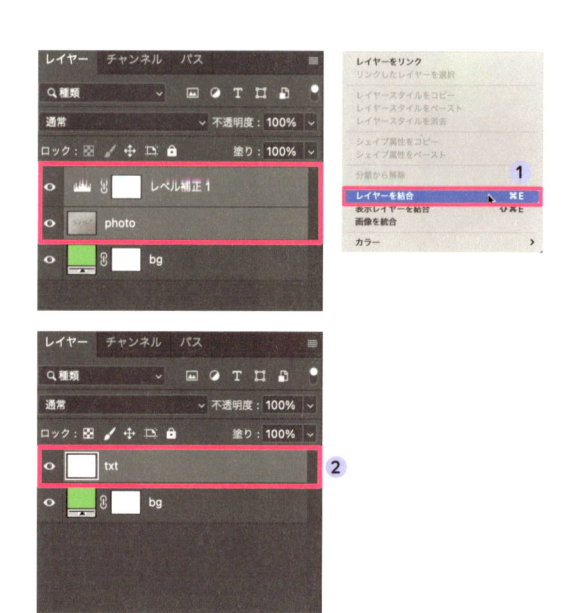

2 「マジック消しゴムツール」で背景を透過する

「マジック消しゴムツール」✨ を使用すると、画像内の不要なオブジェクトを透過できます。

画面左のツールバーから「マジック消しゴムツール」✨ を選択し **1** 、画面上部のオプションバーで［許容値：20］に設定します。［アンチエイリアス］と［隣接］にチェックを入れます **2** 。

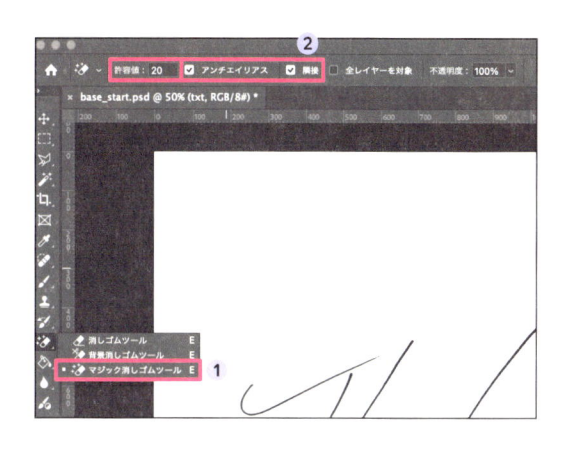

3 背景を除去する

「マジック消しゴムツール」✨ でカンバスの白い領域をクリックし、背景を除去します。

4 切り抜いた文字を貼り付けたい画像に配置する

「レイヤー」パネルの「txtレイヤー」を選択し、command + C（Ctrl + C）でコピーします。

用意してある貼り付け用の画像（ここでは「5-06-02.psd」）を開き、command + V（Ctrl + V）でペーストします。

5　「カラーオーバーレイ…」を選択する

「レイヤー」パネルで「txtレイヤー」を選択し、下部の「レイヤースタイルを追加」*fx* をクリックして、「カラーオーバーレイ…」を選択します。

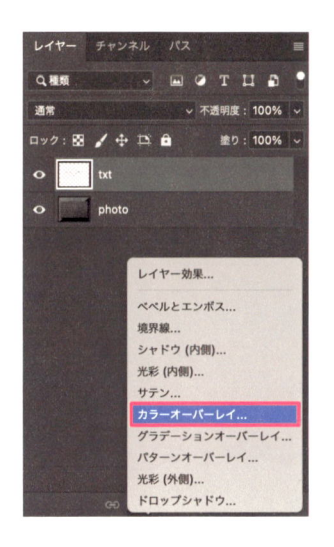

6　文字の色を調整する

表示される「レイヤースタイル」ダイアログで［描画モード：通常］、カラーを［薄いグレー（#c4d4dc）］、［不透明度：100％］に設定し、《OK》をクリックします。

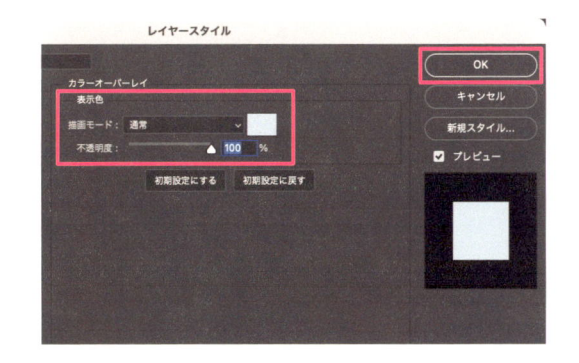

7　文字位置を調整する

効果が反映されるので、「移動ツール」で文字の位置を調整したら完成です。

FINISH!

07 多重露光風の画像を作る

複数の写真を重ねると、幻想的な作品ができます！

5-07-01.psd 5-07-02.psd

AFTER

BEFORE

STEP 1 風景の画像を配置する

1 画像をファイル内で開く

人物のシルエット画像を開き、「photo」と名
前をつけます（サンプルでは最初から名前がつ
いています）。「レイヤー」パネルの「photo
レイヤー」を選択し、風景の画像（サンプル
では「5-07-02.psd」）をカンバスにドラッグ
して配置し、「sunset」と名前をつけます。

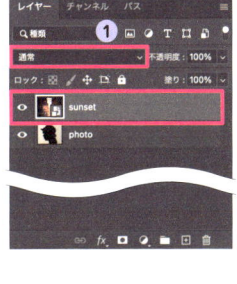
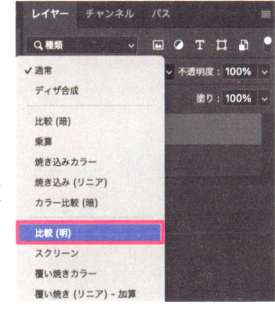

2 描画モードでなじませる

「レイヤー」パネルの「sunsetレイヤー」
を選択し、[描画モード]を[比較（明）]に
します❶。
　[描画モード]の[比較（明）]は、上の画
像と下の画像の色を比較し、明るい方の色を
結果として合成します。

3

2つの画像が重なりました。

4　マスクで調整してなじませる

はみ出している箇所とシルエットがぼやけた
箇所をマスクで調整します。

「レイヤー」パネルの「sunsetレイヤー」
を選択し、下部の「レイヤーマスク」　を
クリックして、レイヤーマスクを適用します。
画面左のツールバーから「ブラシツール」
　を選択し、画面上部のオプションバー内
で［ブラシ］を［ソフト円ブラシ］**1**、［サ
イズ：600px］**2** に設定します。描画色は［黒
（#000000）］にします。

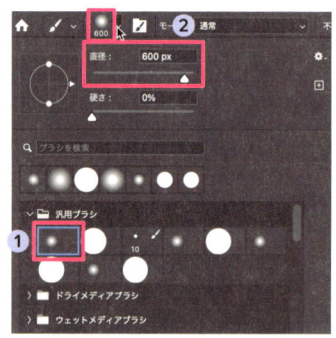

5　シルエットをはっきりさせる

マスクを選択していることを確認してから
（枠が白くなっていればOK）、はみ出している
箇所とシルエットがぼやけた箇所をマスクで
消していきます。シルエットのアウトライン
の外側付近を「ブラシ」でなぞるように塗っ
て、シルエットをはっきりさせましょう。

FINISH!

図形と文字で
デザインする

文字回りの加工から、
バナーなど実践的なものの
作り方まで紹介します!

動画でチェック！

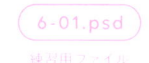

01 袋文字を作る

袋文字（ふちがついた文字）でいつものフォントをおしゃれにしましょう！

6-01.psd
練習用ファイル

STEP 1 文字を入力する

1 書体や文字サイズを設定し 文字を入力する

画像を開いたら、画面左のツールバーから「横書き文字ツール」 **T** を選択し ①、画面上部のオプションバーで書体や文字の大きさなどを設定します。ここでは、[フォント：Kaisei Opti] ②、[フォントサイズ：300pt] ③、[カラー：黒（#000000）] ④ にして「春の着こなし」(改行)「コーディネート」と入力します。

2 文字を微調整する

「プロパティ」パネルで文字を設定し、2行の文字が大体同じ横幅になるよう調整します。

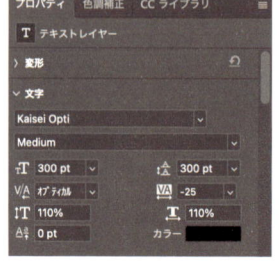

3　文字を白くする

「レイヤー」パネルで「春の着こなし コーディネートレイヤー」を選択し、「プロパティ」パネルで［カラー］ **1** →［白（#ffffff）］ **2** に設定し、文字を白くします。

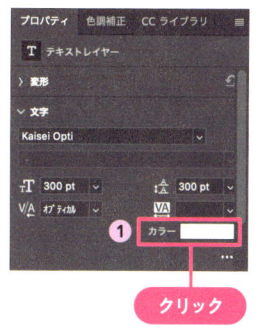
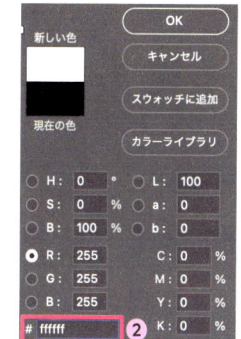

STEP 2　「境界線」と「ドロップシャドウ」で文字を装飾する

1　「レイヤースタイル」ダイアログを開く

「レイヤー」パネルで「春の着こなし コーディネートレイヤー」を選択し、下部の「レイヤースタイルを追加」 **fx** から「境界線…」を選択して「レイヤースタイル」ダイアログを表示します。

2　文字にふちをつける

「境界線」を［サイズ：4px］、［位置：外側］、［不透明度：100％］にします **1** 。さらに、［塗りつぶしタイプ］→［カラー］ **2** で、［カラー：赤（#6f1b32）］ **3** に設定し、ふちをつけます。

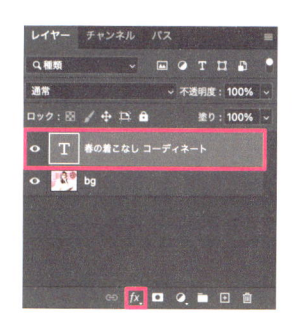
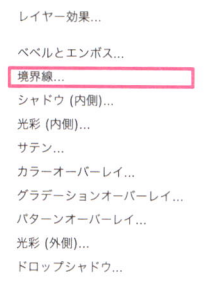

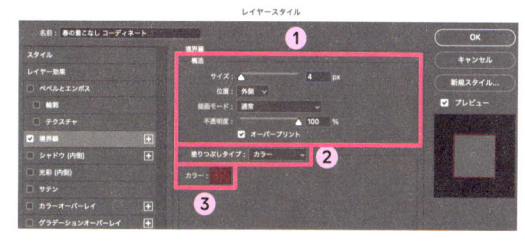

3　文字に影をつける

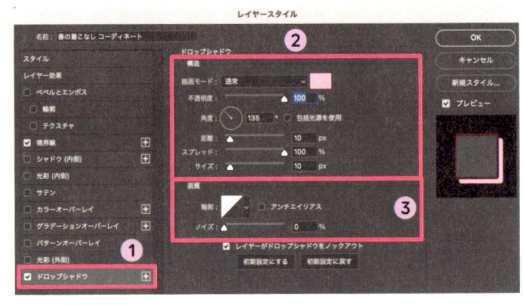

「レイヤースタイル」ダイアログ左側の「ドロップシャドウ」にチェックを入れ①、[描画モード：通常]（カラーは[ピンク（#ffbccf）]）、[不透明度：100％]、[角度：135°]、[距離：10px]、[スプレッド：100％]、[サイズ：10px]に設定します②。

さらに、[輪郭：線形]、[ノイズ：0％]を設定し③、《OK》をクリックすると、文字に影がつきます。

STEP 3　　**影にもふちをつける**

1　文字をグループ化する

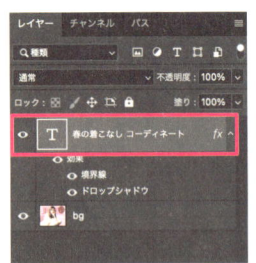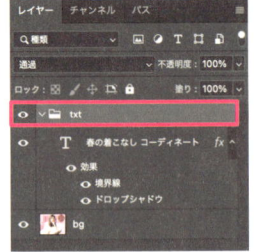

「レイヤー」パネルで「春の着こなし コーディネートレイヤー」を選択して、command＋G（Ctrl＋G）を押します。「春の着こなし コーディネートレイヤー」がグループ化されるので、グループ名を「txt」とします。

2　「グループ」に境界線（ふち）を追加する

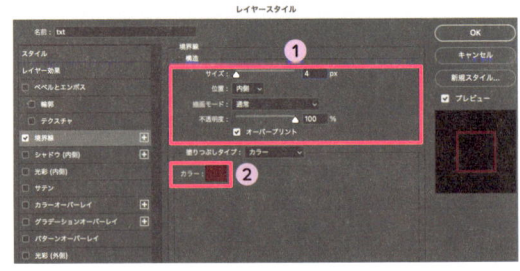

「txtグループ」を選択し、「レイヤースタイルを追加」fx から「境界線...」を選択し、「レイヤースタイル」ダイアログを表示します。

「境界線」を[サイズ：4px]、[位置：内側]、[描画モード：通常]、[不透明度：100％]に設定します①。[カラー：赤（#6f1b32）]にして、《OK》をクリックします。

FINISH!

02 ネオン文字を作る

文字を光らせてポップにしましょう！

b-02.psd

AFTER

BEFORE

(STEP 1) 文字を入力する

1 書体や文字サイズを設定する

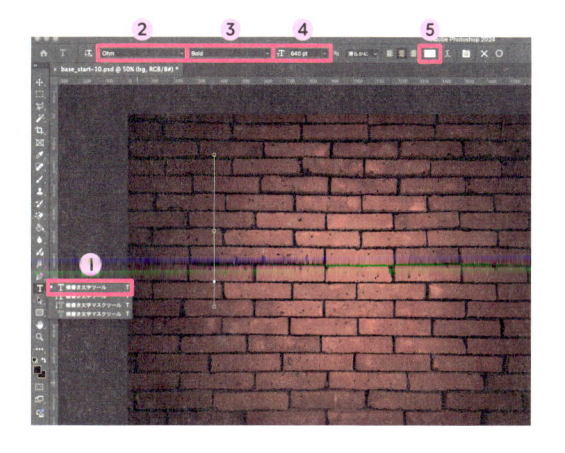

画像を開いたら、画面左のツールバーから「横書き文字ツール」 T を選択し❶、画面上部のオプションバーで書体や文字の大きさなどを設定します。ここでは、［フォント：Ohm］❷、［フォントスタイル：Bold］❸、［大きさ：640pt］❹、［カラー：白（#ffffff）］⑤に設定します。

2 文字「NEON」を入力する

「NEON」と入力します。

STEP 2 文字を光らせる

1 光彩（外側）を追加する

レイヤースタイルの「光彩（外側）」で光を表現します。
まず、「レイヤー」パネルで「NEONレイヤー」を選択し、下部の「レイヤースタイルを追加」fx から「光彩（外側）...」を選択します。

2 「レイヤースタイル」を設定する

「レイヤースタイル」ダイアログで細かな項目を設定します。ここでは、[描画モード：覆い焼き（リニア）-加算]、[不透明度：80％]、[ノイズ：0％]、[カラー：赤（#f33a15）]とします❶❷。
さらに、[テクニック：さらにソフトに]、[スプレッド：6％]、[サイズ：100px]❸、[輪郭：線形]、[範囲：50％]、[適用度：0％]❹に設定し、《OK》をクリックします❺。

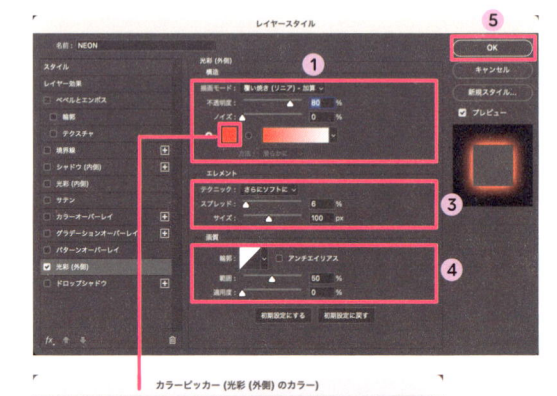

3

文字を光らせることができました。

FINISH!

03 メタリックな文字を作る

文字をメタリックにかっこよくしましょう！

6-03-01.psd　6-03-02.psd

AFTER

BEFORE

STEP 1　文字を入力する

1　書体や文字サイズを設定する

画像を開いたら、画面左のツールバーから
「横書き文字ツール」 **T** を選択し **1**、画面
上部のオプションバーで書体や文字の大きさ
などを設定します。ここでは、書体を「Magistral
Extra Cond」 **2**、[フォントスタイル：
Medium] **3**、[大きさ：640pt] **4**、[カラ
ー：白（#ffffff）] **5** に設定します。

「横書き文字ツール」について
もっと詳しく → p.208

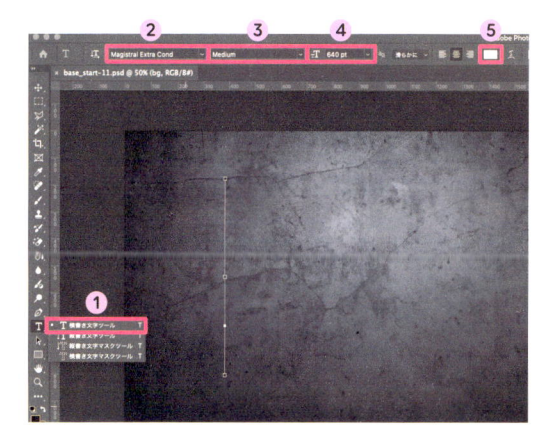

2　文字「METAL」を入力する

「METAL」と入力します。

STEP 2) ## テクスチャを追加する

1 テクスチャ画像を配置する

金属のような光沢のあるテクスチャ画像を同じファイル内で開きます。
テクスチャ画像のファイル（サンプルでは「6-03-02.psd」）をPhotoshopの画面の中にドラッグし、return（Enter）を押すと、同じファイル内に画像を配置することができます。

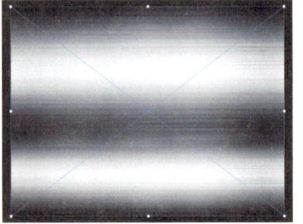

2 クリッピングマスクを作成する

テクスチャの画像を「METAL」の文字のみに表示します。
「レイヤー」パネルで「テクスチャのレイヤー」を選択し、「レイヤー」名を右クリックして①、「クリッピングマスクを作成」を選択します②。これで、テクスチャのレイヤーを「METAL」レイヤーでクリッピングできました。
元の画像は残っているので、「レイヤー」上で右クリック→「クリッピングマスクを解除」で元の画像に戻すことも可能です。

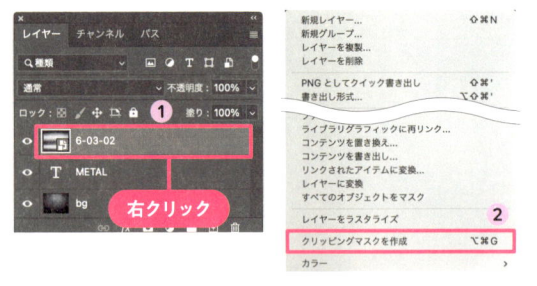

3 テクスチャの大きさを調整する

「レイヤー」パネルでテクスチャのレイヤーを選択し、画面上部のメニューバーの「編集」→「自由変形」を選択します。

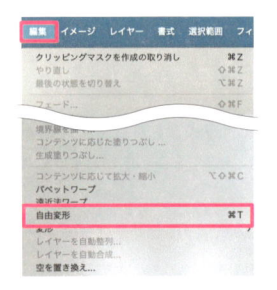

4　テクスチャを縮小する

上部中央のハンドルを option（ Alt ）を押しな
がら内側にドラッグして、垂直方向のみ縮小
します。

☑ 縦横比を固定しない場合

縦横比を固定せずに「レイヤー」を拡大・縮小する場合は、オプションバーの［縦横比を固定］
🔗 をオフにしましょう。

5　境界線を追加する

「レイヤー」パネルで「METALレイヤー」
を選択し、下部の「レイヤースタイルを追加」
fx から「境界線...」を選択して、「レイヤ
ースタイル」ダイアログを表示します。
「境界線」を［サイズ：6px］、［位置：外側］
に、［オーバープリント］にチェックを入れ
ます❶。
次に、［塗りつぶしタイプ：グラデーション］
とし、［スタイル：線形］、［角度：120°］、［ス
ケール：100％］、［方法：滑らかに］に設定
します❷。文字の形や大きさによって、好み
の加減に変えてみましょう。
　［グラデーション］のカラーバー❸をクリッ
クして、「グラデーションエディター」ダイ
アログを表示します。

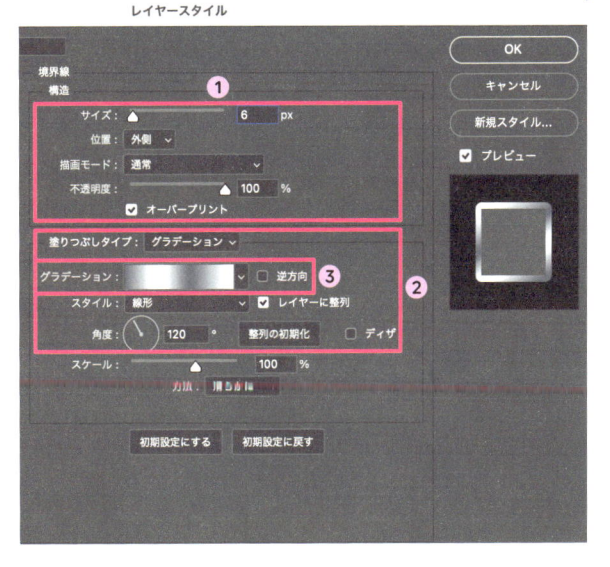

6 グラデーションを設定する

「グラデーションエディター」ダイアログで、カラー分岐点をクリックして追加し、それぞれ［位置0％：グレー（#59626d）］ **1**、［位置30％：白（#ffffff）］ **2**、［位置60％：グレー（#59626d）］ **3**、［位置100％：白（#ffffff）］ **4** に設定します。

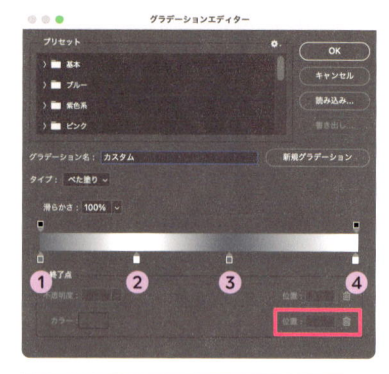

7 立体感をつける

「レイヤースタイル」ダイアログ左側の「ベベルとエンボス」にチェックを入れ **1**、［スタイル：ベベル（内側）］、［テクニック：シゼルハード］、［サイズ：6px］に設定します **2**。また、［角度：120°］、［高度：30°］とし、［光沢輪郭：リング］、［ハイライトのモード：覆い焼き（リニア）- 加算］（カラーは［白（#ffffff）］）、［不透明度：50％］、［シャドウのモード：乗算］（カラーは［黒（#000000）］）、［不透明度：50％］ **3** にすると、文字に厚みが感じられるシェードがつきます。

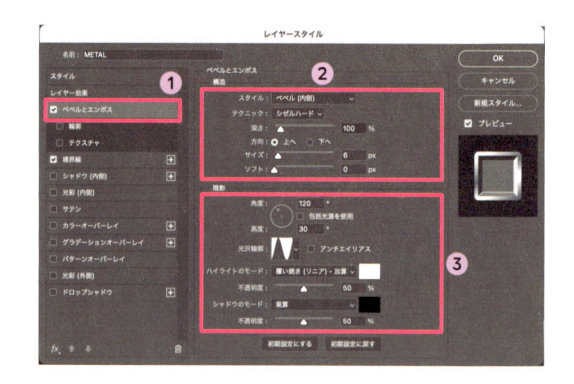

8 ドロップシャドウをつける

「レイヤースタイル」ダイアログ左側の「ドロップシャドウ」にチェックを入れ **1**、［描画モード：通常］（カラーは［黒（#000000）］）、［不透明度：100％］、［角度：90°］、［距離：50px］、［スプレッド：0px］［サイズ：30px］とし **2**、《OK》をクリックします。影が追加されて立体感が増しました。

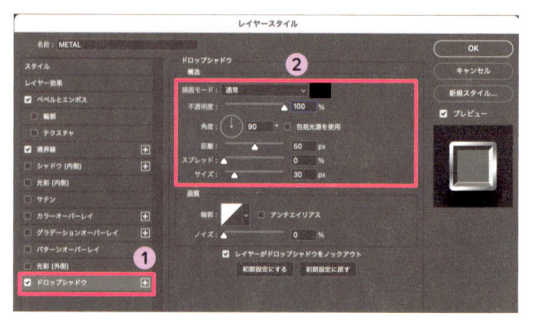

FINISH!

動画でチェック！

04 いろいろな吹き出しを作る

漫画やポップでよく見るような、吹き出しを作ってみましょう！

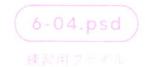

6-04.psd

(STEP 1) **角丸長方形の吹き出しを作る**

1　長方形の色を設定する

吹き出しの背景となる画像を開きます。画面
左のツールバーから「長方形ツール」 ⬜️ を
選択し、画面上部のオプションバーで［塗り］
❶→［カラーピッカー（塗りのカラー）］❷ を
クリックし、カラーを［白（#ffffff）］❸ に設
定します。

　✔ **長方形の色を後から変える**

　長方形の色を後から変えたいときは、「レイヤー」パネルで長方形のレイヤーサムネイルをダブ
　ルクリックし、表示される「カラーピッカー」ダイアログで描画色を変更できます。

2 長方形を作る

カンバスをクリックすると、「長方形を作成」ダイアログが表示されます。[幅：640px]、[高さ：320px] ❶、角丸の半径をすべて[80px] に設定して ❷、《OK》をクリックすると長方形ができます。

「移動ツール」 ✛ を選択し、長方形を人物の左上に配置します。

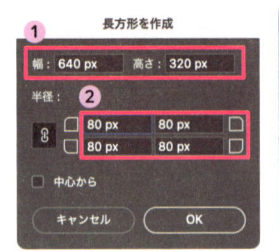

3 吹き出しの尻尾を作る

「ペンツール」 ✎ を選択し、画面上部のオプションバーで [ツールモードの選択] を [シェイプ] に設定します。

カンバス上で長方形の下あたりをドラッグして、吹き出しの尻尾を描きます。曲線を上手に作るのが難しい場合は、3点をクリックして三角形を描いてもかまいません。

⌾ 詳しい！尻尾の作り方

「ペンツール」 ✎ を選択し、カンバスをクリックして1つめのアンカーポイントを追加します❶。2つめのアンカーポイントを右下にクリックしたままドラッグし、ハンドルを出します❷。3つめのアンカーポイントは、カンバスをクリックして追加します❸。

❷で作ったアンカーポイントの右のハンドルを「アンカーポイントの切り替えツール」 ⋀ でドラッグして曲線を調整します❹。

「ペンツール」 ✎ を選択した状態で option (Alt) を押すと「アンカーポイントの切り替えツール」 ⋀ に切り替わります。

最後に「ペンツール」 ✎ で1つめのアンカーポイントをクリックして、パスをつなげます❺。

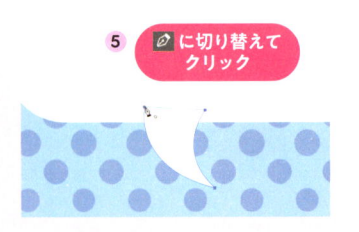

STEP 2 ## 雲形の吹き出しを作る

1 シェイプを選択する

画面上部のメニューバーの「ウィンドウ」→
「シェイプ」を選択して、「シェイプ」パネル
を表示します。パネルの右上の≡をクリッ
クして、「従来のシェイプとその他」を選択
します。

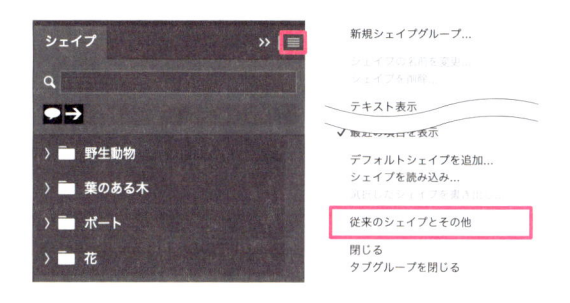

2 雲形のカスタムシェイプを 作成する

「シェイプ」パネルに、選択したシェイプの
プリセット（フォルダ）が追加されるので、「従
来のシェイプとその他」→「従来のすべての
デフォルトシェイプ」→「吹き出し」と展開
して、雲形の吹き出し（話3）を選択し、人
物の右上あたりにドラッグすると、雲形の吹
き出しが描画されます。

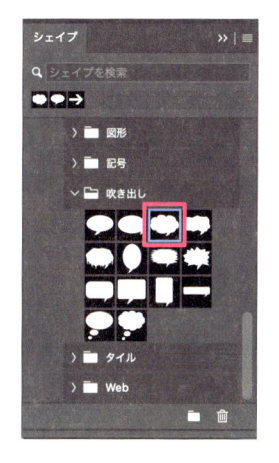

⊘ **シェイプの縦横比を保って作成する**
画面左のツールバーの「カスタムシェイプツール」で 🧩 、 shift を押し
ながらドラッグすると、シェイプの縦横比を保ったまま作成できます。

3 文字を追加する

ここでは「横書き文字ツール」 **T** で、吹き
出しに文字を重ねています。画面上部のオプ
ションバーで書体や文字の大きさを設定しま
す。ここでは、[フォント：Kaisei Decol] **1** 、
[フォントスタイル：Medium] **2** 、[大きさ：
180pt] **3** 、[カラー：青（#6692b4）] **4** に
設定し、「A案？」「B案？」と入力しています。
フォントは好みのものを使ってかまいません。

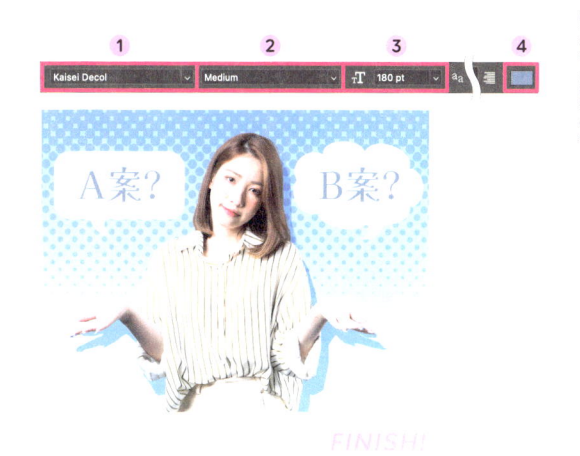

動画でチェック!

05 インスタントカメラ風に加工する

インスタントカメラで撮った写真のように白いフレームをつけましょう！

(6-05-01.psd) (6-05-02.psd)

練習用ファイル

AFTER

BEFORE

STEP 1 **写真のフレームを作る**

1 白のフレームを作る

コルク模様の背景画像を開いたら「レイヤー」パネルで「bg」と名前をつけます（サンプルでは最初から名前がついています）。画面左のツールバーから「長方形ツール」▢を選択し、画面上部のオプションバーで［塗り］ ①→［カラーピッカー（塗りのカラー）］ ② をクリックし、カラーを［白（#ffffff）］に設定します。

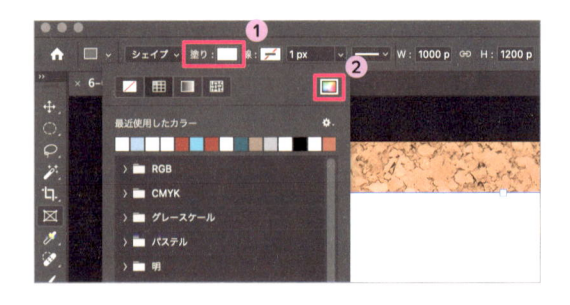

2 フレームのサイズを設定する

カンバスをクリックすると表示される「長方形を作成」ダイアログで、［幅：1000px］、［高さ：1200px］ ①、角丸の半径をすべて［0px］に設定して ②、《OK》をクリックすると長方形ができます。「移動ツール」✛でカンバスの中央に配置します。

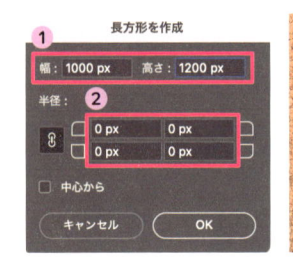

3　長方形を重ねる

先ほどと同じように「長方形ツール」 ▢ で
［幅：860px］、［高さ：860px］、角丸の半径
をすべて［0px］の正方形を作成します。
「レイヤー」パネルで正方形のレイヤーサム
ネイルをダブルクリックし❶、「カラーピッ
カー（べた塗りのカラー）」ダイアログで、カ
ラーを［黒（#000000）］に変更します❷。
「移動ツール」 ✛ で長方形の上に重ね、フ
レーム部分のベースを作ります。

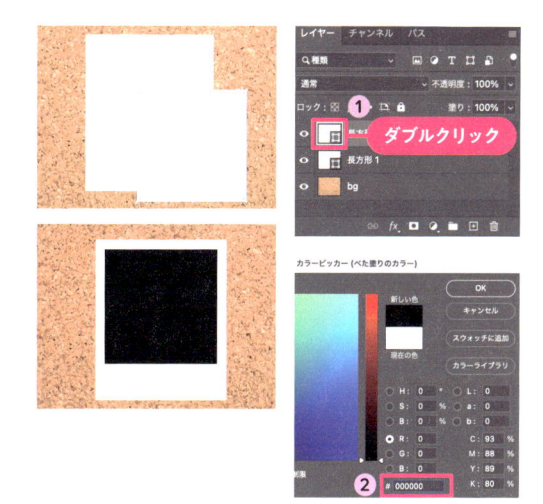

STEP 2　フレームを作り込む

1　写真を配置する

フレームの上に重ねたい人物の写真（サンプ
ルでは「6-05-02.psd」）を、カンバスにドラ
ッグして配置し❶、「photo」と名前をつけま
す。「レイヤー」パネルの「photoレイヤー」
を右クリックし、［クリッピングマスクを作
成］を選択します。
写真を正方形のレイヤーでクリッピングできま
した。

2   写真の位置を整える

「レイヤー」パネルで「人物の写真のレイヤー」
を選択し、画面上部のメニューバーの「編集」
→「自由変形」を選択します。カンバス上に
バウンディングボックスが表示されます **1**。
画面上部のオプションバーの［縦横比を固定］
🔗 をオンにし **2**、ハンドルを内側にドラッ
グして写真を縮小します。
ほどよく縮小できたら、《○》をクリックし
て「自由変形」を確定させ **3**、「移動ツール」
✛ で位置を整えます **4**。

3   長方形に影をつける

「レイヤー」パネルで「長方形1レイヤー」
を選択し、下部の「レイヤースタイルを追加」
fx から「ドロップシャドウ...」を選択しま
す。
「レイヤースタイル」ダイアログで、［描画
モード：通常］（カラー［黒（#000000）]）、［不
透明度：50％］、［角度：120°］、［距離：
4px］、［スプレッド：0％］、［サイズ：
8px］に設定し、《OK》をクリックします。

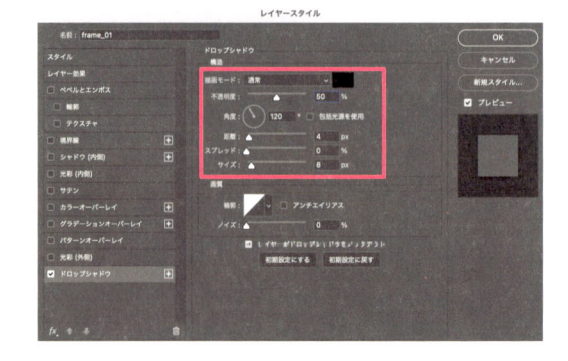

4

長方形のフレームに影が加わり完成です。

FINISH!

06 広告バナーを作る

ネットショップで見かけるような、ファッション系の広告バナーを作ってみましょう！

AFTER

Premium
Sale
MAX 40%OFF
08/01 10:00 START

Check it out

対象アイテム続々追加！

BEFORE

(STEP 1) 写真をマスクする

1　ファイルを開く

画像を開き、人物写真を「photo」というレイヤー名で配置します（サンプルでは最初から名前がついています）。カンバスサイズは、レクタングルバナ　を使い、[幅：1200px]、[高さ：1000px]、解像度 [72pixel/inch]、カラーモード [RGB] で作成しています。

2　角丸の長方形を作る

画面左のツールバーから「長方形ツール」を選択して、カンバスをクリックし、[幅：600px]、[高さ：880px] に設定します❶。[角丸の半径値のリンク] をオフにして❷、左上と左下の角丸の半径を [80px] に、右上と右下を [0px] にして❸、《OK》をクリックします。

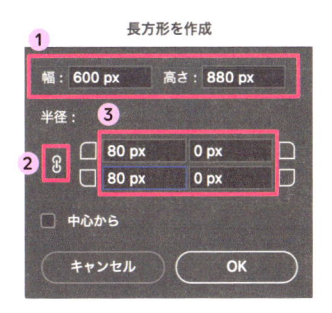

3 長方形の配置を調整する

「レイヤー」パネルで長方形のレイヤーを選択したまま、[X：600px][Y：60px]として、カンバスの長方形の位置を[水平方向：右端][垂直方向：中央]に配置します。

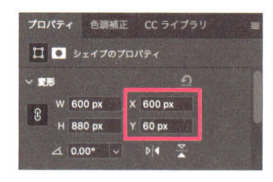

4 長方形で写真をマスクする

「レイヤー」パネルで作成した長方形レイヤーの名前を「temp」に変え、「tempレイヤー」を「photoレイヤー」の下に移動します。
「photoレイヤー」を右クリックして「クリッピングマスクを作成」を選択すると、写真が角丸の長方形でマスクされます。
元の画像は残っているので、「レイヤー」上で右クリック→「クリッピングマスクを解除」で元の画像に戻すことも可能です。

STEP 2 ## 背景色とロゴを追加する

1 背景を「べた塗り」で作成する

「レイヤー」パネル下部の「塗りつぶしまたは調整レイヤーを新規作成」 をクリックし、「べた塗り...」を選択します。「カラーピッカー」ダイアログで、色を[オレンジ (#d16f59)]に設定して《OK》をクリックします。
「べた塗り 1レイヤー」が作成されたら、「レイヤー」パネルで一番下に配置し、レイヤー名を「bg」とします。

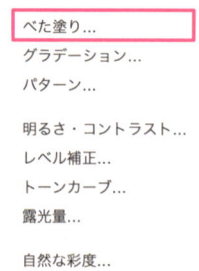
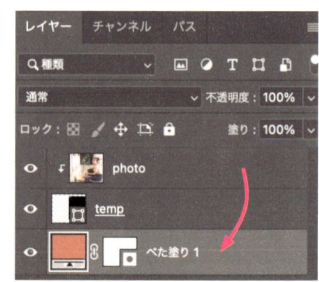

2　テキストを配置する

画面左のツールバーから「横書き文字ツール」
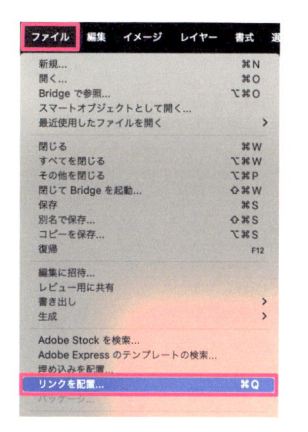 を選択し、必要な情報を入力します。
また、「ラインツール」 ╱ であしらいも作
ります。太さや色は画面上部のオプションバ
ーで設定します。
詳しくは「logo.psb」のデータを参照して
ください。

ここでは、あらかじめ作成したデータを使用
します。
画面上部のメニューバーの「ファイル」→「リ
ンクを配置...」を選択します。ロゴ画像「logo.
psb」を選択し、《配置》をクリックします。
カンバス上のロゴ画像をそのままドラッグし
て、カンバスの左に配置し、 return （ Enter ）
を押して確定します。

⊘ リンクを配置

ここで使用しているPSB形式のファイルはスマートオブジェクトを保存したファイルです。
「リンクを配置...」で配置されたスマートオブジェクトでは、外部ファイルとリンクしている状
態です。1つの画像を複数のデザインで再利用する場合に便利です。
注意点として、ファイル名や、データの保管場所を変えてしまうと「リンク切れ」を起こしてし
まうので、その場合は再リンクが必要です。

STEP 3 　長方形をあしらう

1　長方形を追加する

長方形と縦書きの文字で、バナーにあしらい
を追加します。

画面左のツールバーから「長方形ツール」
 を選択し、カンバスをクリックします。
「長方形を作成」ダイアログで［幅：70px］、
［高さ：640px］**①** の長方形を作成します。
［角丸の半径］はすべて［0px］で**②**、色は［薄
いグレー：#e0e0dd］にしています。
「移動ツール」 で、作成した長方形をカ
ンバスの右上に配置します。

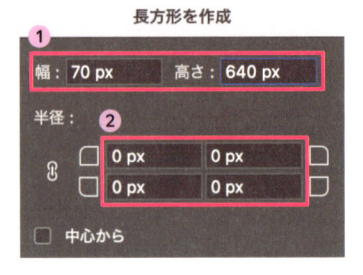

2　長方形レイヤーを変更する

「レイヤー」パネルで作成した「長方形レイ
ヤー」を一番上に配置し、レイヤー名を
「bg_02」に変更して、下部の「レイヤース
タイルを追加」 fx から「境界線...」を選択
します。

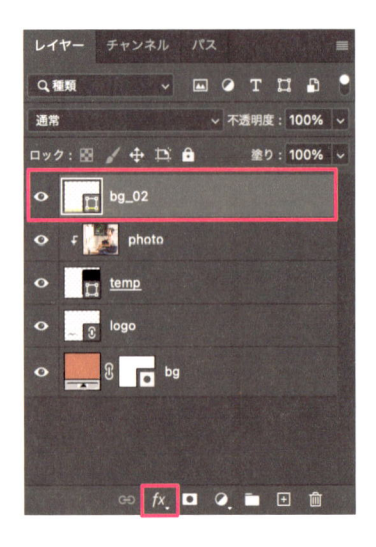

3 長方形に境界線をつける

「レイヤースタイル」ダイアログで［サイズ：
3px］、［位置：内側］、［描画モード：通常］、
［不透明度：100％］、［オーバープリント：チェック］、［塗りつぶしタイプ］は［カラー：
茶（#4e3c36)］に設定します。

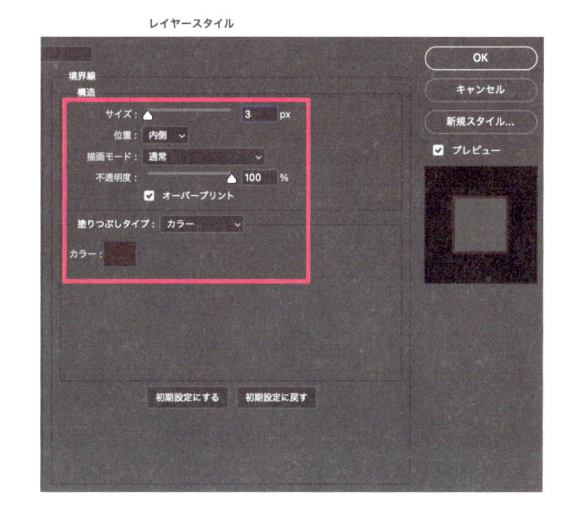

4 長方形に影をつける

そのまま続けて、「レイヤースタイル」ダイアログ左側の「ドロップシャドウ」にチェックを入れます❶。

［描画モード：通常］（カラー［オフホワイト
(#e0e0dd)］)、［不透明度：100％］、［角度：
135°］、［距離：8px］、［スプレッド：0％］、
［サイズ：0px］と設定します❷。

［輪郭：線形］、［ノイズ：0％］になっているのを確認したら❸、《OK》をクリックします。

長方形に境界線と影が加わりました。

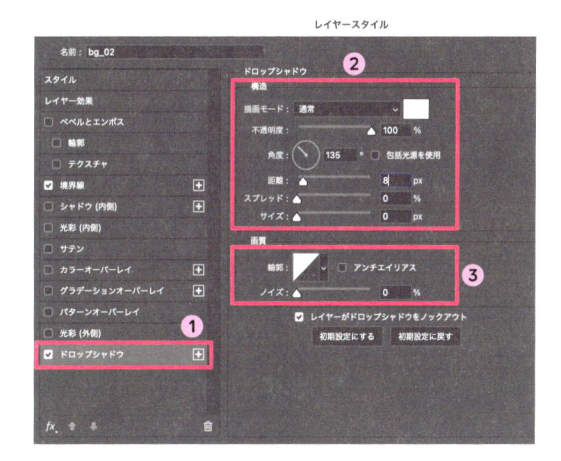

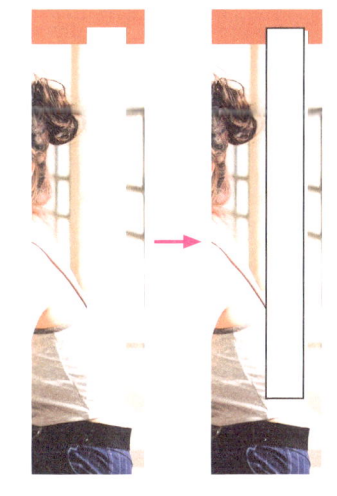

(STEP 4) 文字を配置して仕上げる

1 縦書き文字をあしらう

画面左のツールバーから「縦書き文字ツール」
↓T を選択します。画面上部のオプションバーでフォントや文字の大きさを設定し、カンバス上に「対象アイテム続々追加！」と入力します。ここでは［フォント：凸版文久ゴシック Pr6N］、［フォントサイズ：50pt］、［カラー：茶（#4e3c36）］にしています（ほかのフォントでもかまいません）。

「移動ツール」 ✛ で長方形の上に文字を配置し、「プロパティ」パネルでカーニングを［メトリクス］ **①**、［トラッキング：100］ **②** として、先ほど作成した長方形に合わせます。

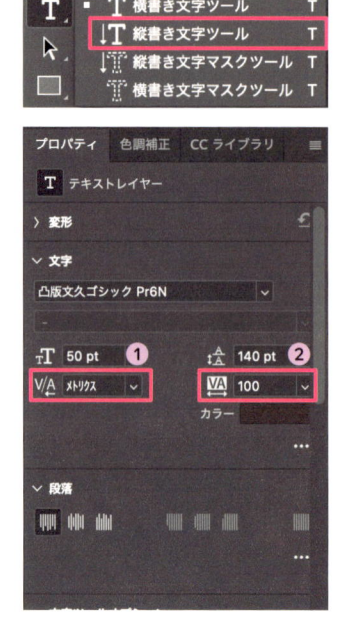

2 横書き文字をあしらう

画面左のツールバーから「横書き文字ツール」
T を選択し、カンバス上に「Check it out」と入力します。ここでは、［フォント：Madelinette Grande］、［フォントサイズ：100pt］、［カラー：黄色（#f0df69）］にし、「プロパティ」パネルでカーニングを［メトリクス］、［トラッキング：0］にします。
画面上部のメニューバーの「編集」→「自由変形」を適用し、角度を調整します。
「移動ツール」 ✛ でカンバスの右下に配置したら、バナーの完成です。

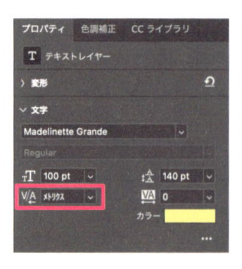

FINISH!

困ったときはここをチェック！

Photoshop

基本ガイド

ここでは、今までの加工に使ってきた
ツールを中心に、機能別に紹介します。
あのとき使ったツールは他にどんなことができるのか、
応用するときに知りたい知識を紹介します。

他のファイル形式に書き出す

Photoshopで「.jpg」や「.png」などの形式に書き出す場合には、画面上部のメニューバーの「ファイル」→「書き出し」にマウスを合わせます。さまざまなオプションが用意されているので、状況に合わせて最適なものを選ぶ必要があります。

下記に紹介するので、最適なものを選んで保存しましょう。

書き出しの際にはファイルサイズや画質、サイズなどの細かな設定を行うことができますが、素早く書き出したい場合には「PNGとしてクイック書き出し」、もしくは「書き出し形式...」を選ぶとよいでしょう。

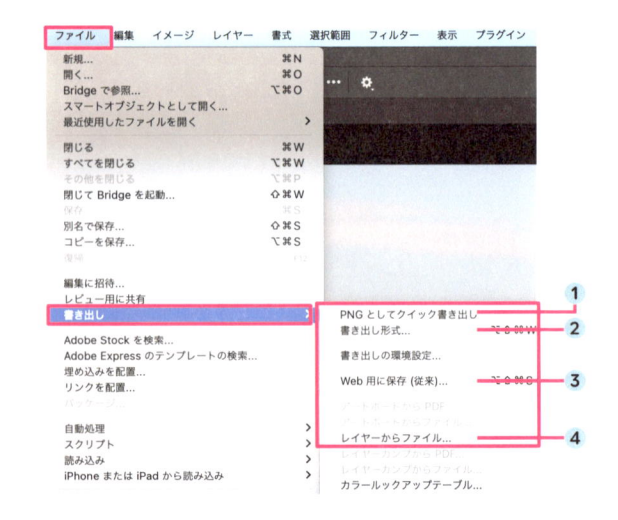

1 クイック書き出し

あらかじめ設定しているファイル形式で書き出されます。細かな設定を行う画面が表示されないため、素早く画像を書き出したいときに最適です。

書き出す際のファイル形式などの設定は「書き出しの環境設定」より行います。

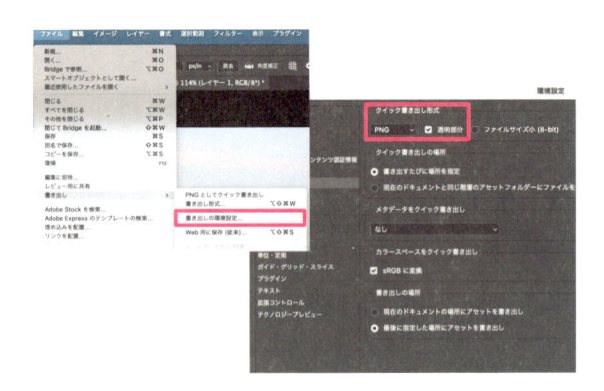

3 Web用に保存（従来）

書き出す際にファイル形式や画像のサイズ、画質など、より詳細な設定を行うことができます。
Gifアニメーションやスライスの書き出しもできます。

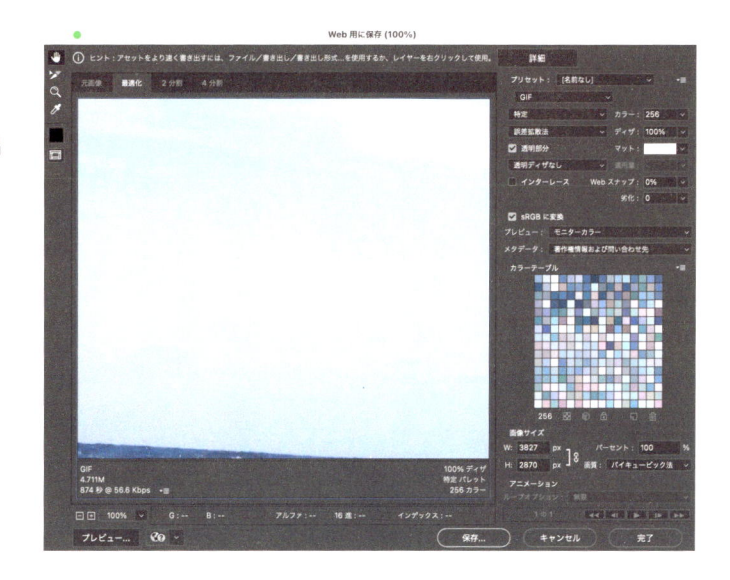

4 レイヤーからファイル

Photoshop内のレイヤーをそれぞれ別々のファイルに一括で書き出すことができます。書き出す際に保存先やファイル形式などを設定できます。

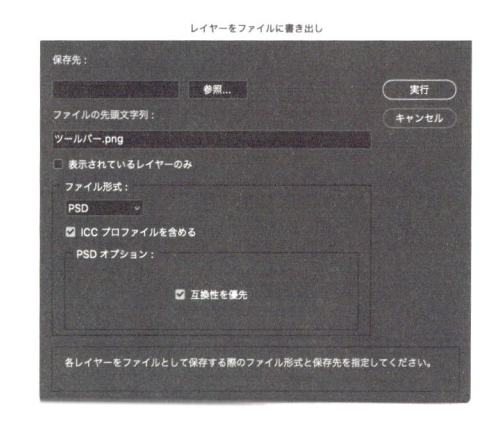

ファイル形式の種類と特徴

形式	.psd	.jpg	.png	.gif
特徴	Photoshopで扱われる標準ファイル形式。編集した画像のレイヤーやパスなどの情報もすべて保存される。	フルカラー約1,670万色を扱える。背景の透過は行えない。	フルカラー約1,670万色を扱える。透過や半透過も扱える。	256色で構成され、背景の透過やアニメーションも扱える。
容量	大きい	比較的小さい	比較的小さい	小さい
用途	画像の編集を行う場合や、印刷用のデータ	写真や色数が多いWeb用の画像	Web用の素材や背景を透過したいもの	色数の少ない画像や、簡易アニメーション

☑ カンバスサイズを変更する

「カンバス」とは

Photoshop上で画像の編集を行える領域のことを指します。この領域以外に配置されているオブジェクトなどは、印刷や書き出しの際に表示されません。
カンバスサイズを変更すると、その編集を行える領域を広げたり、逆に小さくしたりすることができます。

「カンバスサイズ」の変更方法

画面上部のメニューバーの「イメージ」→「カンバスサイズ...」を選択します。
表示される画面でサイズを指定すると、カンバスサイズを変更することができます。

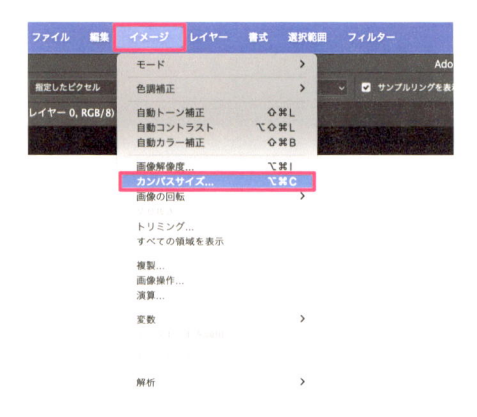

1 変更するサイズを入力して指定します。
2 「mm」「px」など使用する単位を選択できます。
3 「基準位置」内の矢印をクリックすることで、どこにカンバスを追加するのか、またどの部分のカンバスを減らすのかを指定することができます。
4 カンバスを拡張する際の背景色を指定できます。

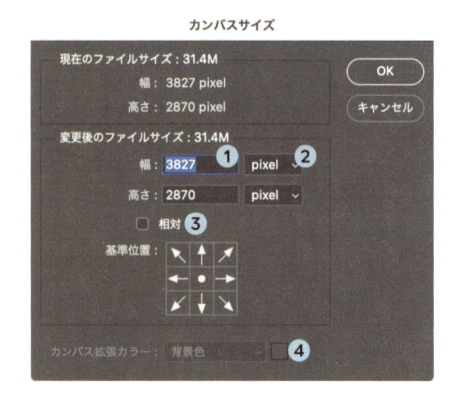

画像解像度を変更する

「画像解像度」とは

「画像解像度」とは、画像の精細さを表す数値です。画像は「ピクセル」と呼ばれる小さな四角の集合体で表現されます。1つのピクセルは1つの色情報が存在します。そのピクセルが1インチあたり、いくつ存在するのかを表現した数値が「画像解像度」と呼ばれ、単位にはppi（＝ピクセルパーインチ）やdpi（＝ドットパーインチ）が使用されます。数値が大きいほどピクセルの密度が高く精細な画像であることを表し、数値が小さいほどピクセルの密度が低く粗い画像になります。

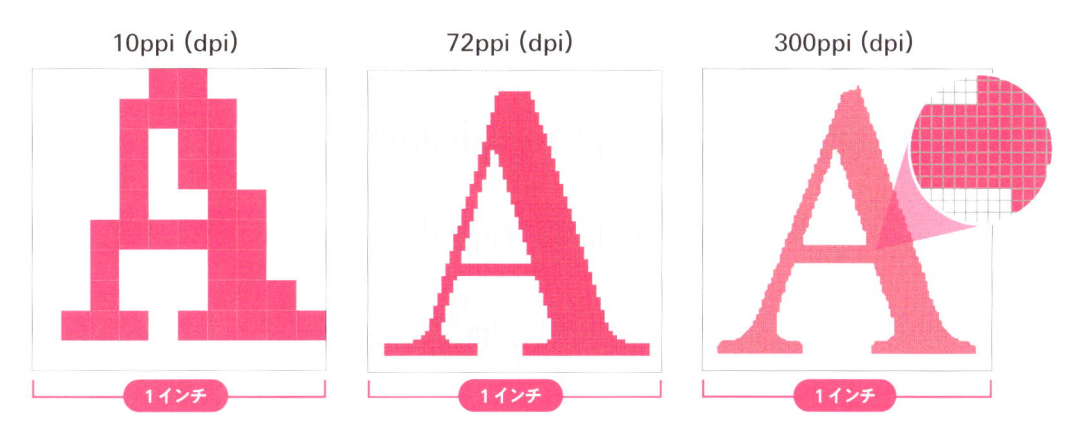

媒体によって最適な解像度が異なる

Web上で一般的な画像解像度	印刷に最適な画像解像度	
72ppi (dpi)	300 ～ 350ppi (dpi)	印刷物の方が解像度の高い画像が必要！

解像度を変更する

もともとの画像解像度が高い画像をWeb上で使用するために小さくしたい場合や、ファイルサイズを軽くしたい場合に使用します。画質が落ちる点には注意が必要です。
ここでは、解像度を下げる場合を例に紹介します。

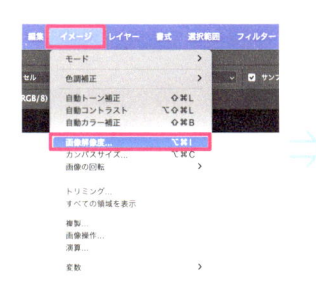 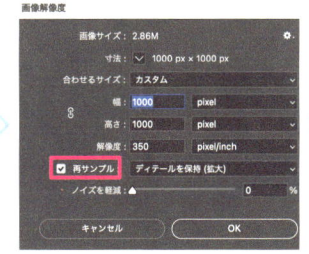 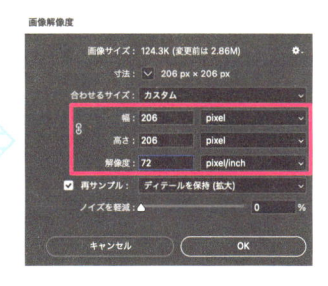

1 画面上部のメニューバーの「イメージ」→「画像解像度」を選択します。

2 「再サンプル」のチェックを入れます。

3 「解像度」に数値を入力します。ここでは解像度「350ppi」の写真をWeb用に解像度を下げたいので、「72」と入力します。

☑ カラーモードを変更する

1 画面上部のメニューバーの「イメージ」→「モード」にマウスを合わせます。

2 変更したい「カラーモード」を選択します。

主なカラーモード

・**モノクロ２階調**
　白と黒の２色のみで画像を表現するカラーモード。

・**グレースケール**
　白から黒までのグラデーションを通常256階調で表現するカラーモード。

・**RGBカラー**
　光の三原色であるR（レッド）G（グリーン）B（ブルー）で画像を表現するカラーモード。色を混ぜるほど白に近づく「加法混色」。Webやモニターで使用される。

・**CMYKカラー**
　色の三原色C（シアン）M（マゼンタ）Y（イエロー）とK（黒/スミ）で画像を表現するカラーモード。色を混ぜるほど黒に近づく「減法混色」。印刷物で使用される。

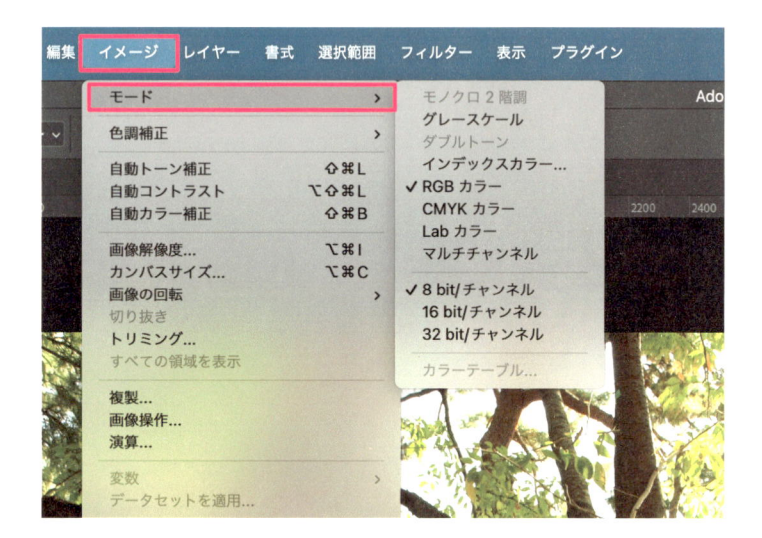

☑ 画像を回転させる

あらかじめ用意されたオプションを使って回転させる

1 画面上部のメニューバーの
「イメージ」→「画像の回転」
にマウスを合わせます。

2 回転させたい角度を選択しま
す。「角度入力」は、数値を
入力して任意の角度に回転で
きます。

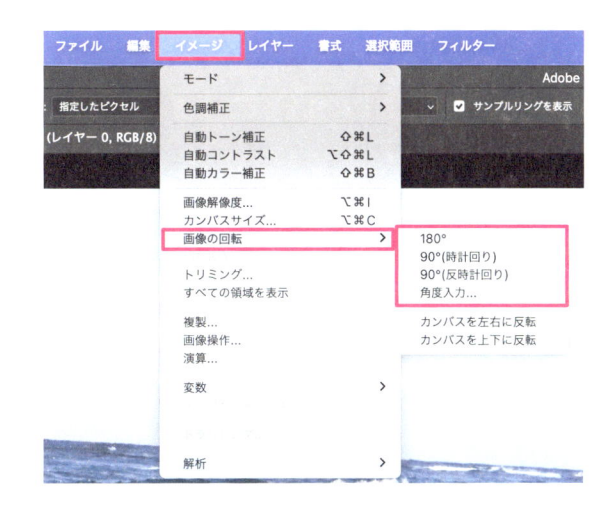

マウスを使って回転させる

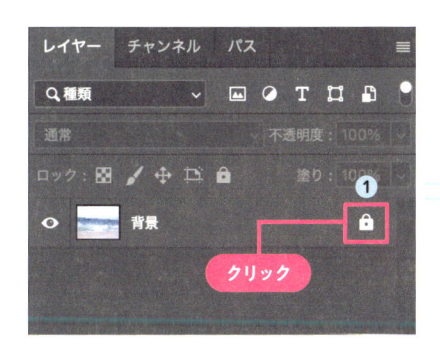 →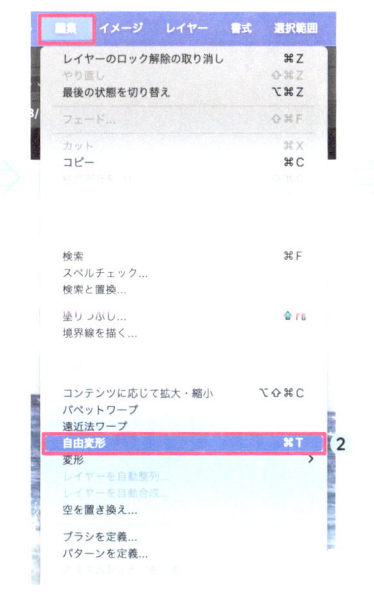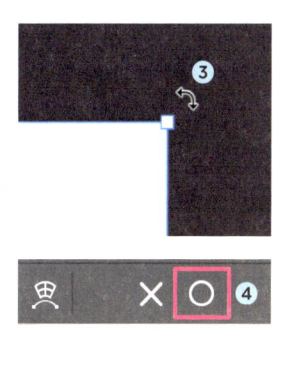

1 「レイヤー」パネルを確認し、ロック
がかかっている場合、鍵のマークを1
回クリックしてロックを解除します **1**。

2 画面上部のメニューバーの「編集」
→「自由変形」を選択します **2**。
ショートカット：command + T
(Ctrl + T)

3 四隅に表示された四角いアイコン（バ
ウンディングボックス）の外をクリッ
クしたままマウスを動かし、回転さ
せます **3**。

4 画面右上の《◯》もしくは return (Enter)
で確定させます **4**。

画像を反転させる

画像全体を反転させる

1 画面上部のメニューバーの「イメージ」→「画像の回転」にマウスを合わせます。

2 「カンバスを左右に反転」もしくは「カンバスを上下に反転」を選択します。

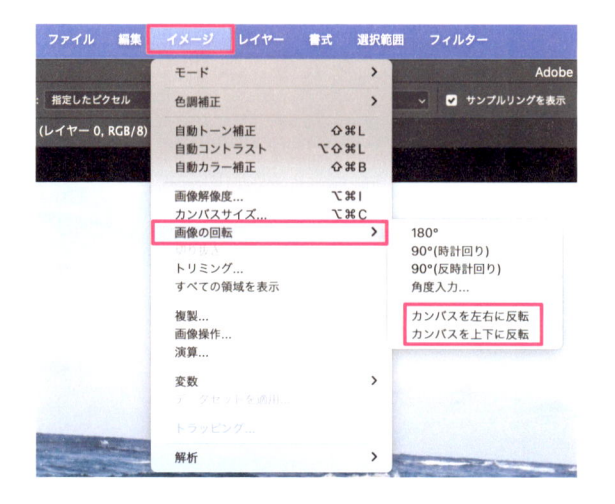

画像の一部を反転させる

 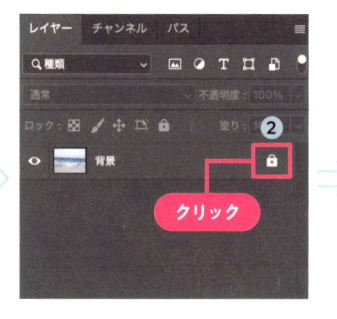 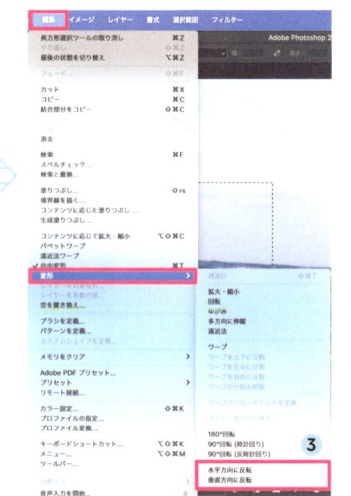

1 反転させたい箇所の選択範囲を作成します **1**。

2 「レイヤー」パネルを確認し、ロックがかかっている場合、鍵のマークを1回クリックしてロックを解除します **2**。

3 画面上部のメニューバーの「編集」→「変形」→「水平方向に反転」もしくは「垂直方向に反転」を選択します **3**。

画像をトリミングする

自由な比率で四角形にトリミングする

1 画面左のツールバーから「切り抜きツール」 を選択します。

2 画像の四隅に表示されているバーのいずれかをクリックしたまま動かして、切り抜きたい範囲を選びます。このとき shift を押したまま動かすと、元の画像の比率を保ったままトリミングできます。

3 画面右上の《○》もしくは return （ Enter ）で確定させます。

好きな場所を四角形にトリミングする

1 画面左のツールバーの「切り抜きツール」 を選択します。

2 トリミングで残したい範囲をドラッグします。

3 画面右上の《○》もしくは return （ Enter ）で確定させます。

☑ トリミングは何度でもやり直せる！

画面上部のオプションバーの「切り抜いたピクセルを削除」のチェックを外しておけば、元の画像が保持されます。そのため、トリミングを確定させた後でも編集をやり直すことが可能です。

サイズや比率を指定してトリミングする

1 ツールバーの「切り抜きツール」を選択します。

2 画面上部のオプションバーで詳細を設定します ❶。プルダウンから指定したい項目を選び ❷、プルダウン横の欄（枠内）に数値を入力します ❸。比率の指定や、幅と高さ、解像度まで指定したトリミングが可能です。

☑ 傾いた写真を修正する

1 ツールバーの「切り抜きツール」を選択します。

2 画面上部のオプションバーの角度補正のアイコンを選択します。

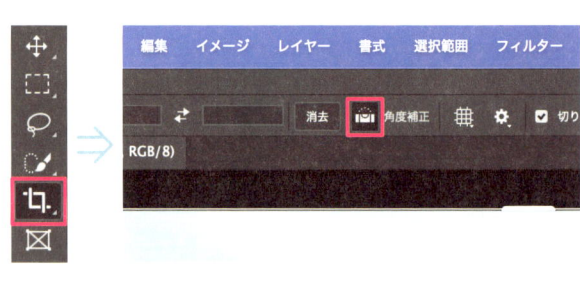

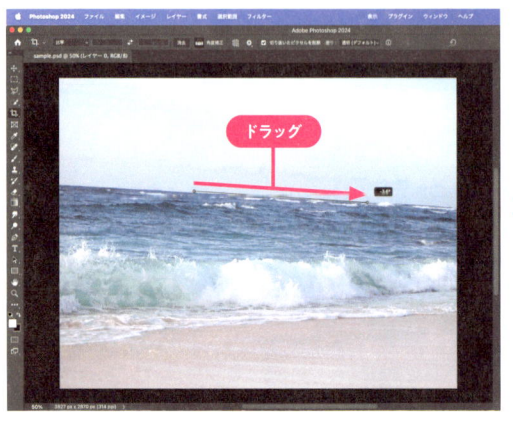

3 水平の基準となる線を画面上でドラッグすると、画面上に線が引かれます。

4 画面右上の《○》もしくは `return`（`Enter`）で確定させます。

☑ 画像の拡大縮小

1 「レイヤー」パネルを確認し、ロックがかかっている場合、鍵のマークを1回クリックしてロックを解除します。

2 画面上部のメニューバーの「編集」→「自由変形」を選択します。
ショートカット：command + T（Ctrl + T）

3 四隅に表示された四角いアイコン（バウンディングボックス）をクリックしたままマウスを動かし、拡大・縮小します **1**。大きさが決まったら、画面右上の《○》もしくはreturn（Enter）で確定させます。

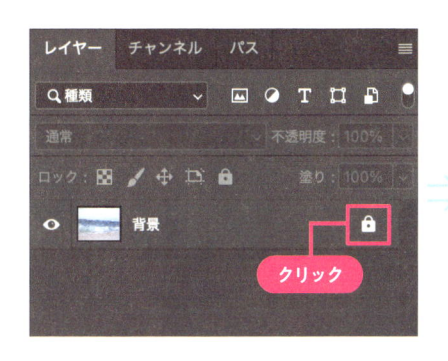
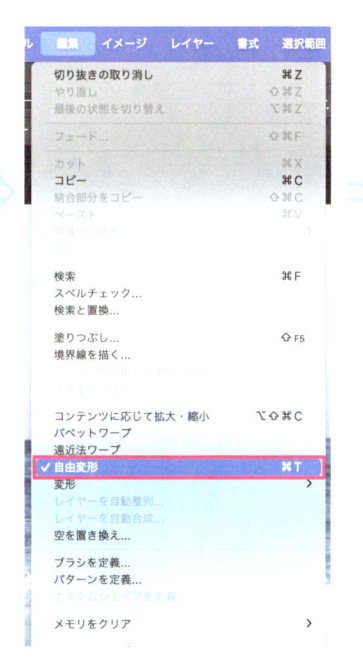
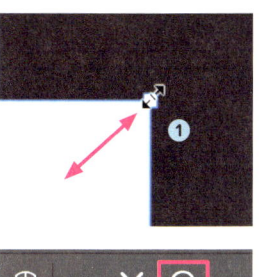

☑ 縦横の比率を変えたいとき

「バウンディングボックス」（四隅に表示された四角いアイコン）を動かす際にShiftを押しながらマウスを動かすと比率を保たず、動かした向きに沿って画像を変形できます。
もしくは「バウンディングボックス」を動かす前に画面上部のオプションバーの 🔗 をクリックして、比率の固定を解除しましょう。

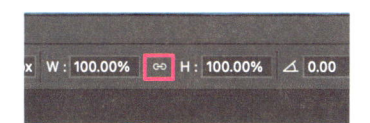

☑ 間違えた操作を取り消す

ショートカットキーを使って取り消す

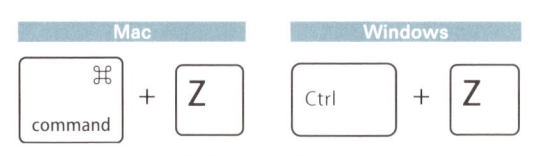

Ｚを押した回数分操作を前に戻すことができます。

「ヒストリー」を使って取り消す

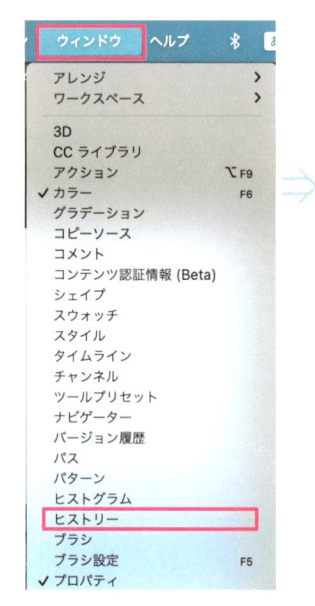 → 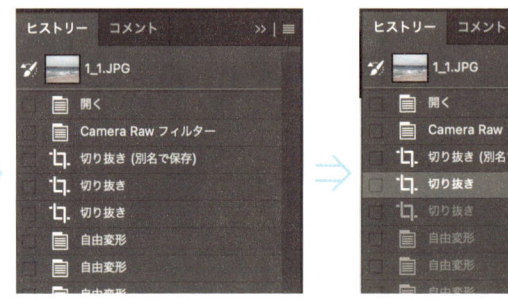 →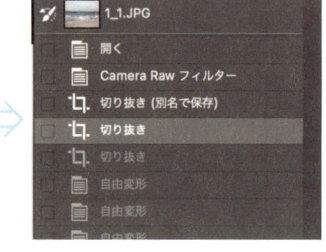

1 画面上部のメニューバーの「ウィンドウ」→「ヒストリー」を選択します。

2 パネル内には、これまで行った操作が記録されています。戻りたいところをクリックします。

クリックした項目以降の操作が取り消されます。取り消されても記録が残っていれば、複数先の操作にもう一度戻ることもできます。

☑ すべての操作を取り消して、元の画像に戻したいとき

ヒストリーパネル上の画像のサムネイルをクリックすると、画像を開いたときの状態に戻すことができます。
作業をしていた画像を閉じると、ヒストリーの内容はすべてリセットされるので注意しましょう。

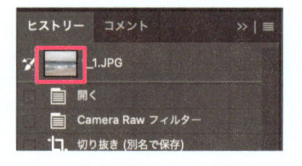

色みや明るさを「調整レイヤー」で変更する

「調整レイヤー」とは

「調整レイヤー」は、色や明るさを変更する情報を持ったカバーのようなものを、画像の上に被せることで色や明るさを調整することができるものです。

カバーのようなものなので、元の画像をそのまま保つことができ、不要になった場合はカバーを削除したり、さらに追加したりすることも簡単にできます。

また、「調整レイヤー」で変更した色合いや明るさは、「レイヤー」パネルに表示されている項目をダブルクリックすることで、何度でも再編集することが可能です。「調整レイヤー」を使用するときには、「レイヤー」パネル下部の「塗りつぶしまたは調整レイヤーを新規作成」 ⬤ から項目を選択します。

明るさ・コントラスト

調整前　　　　　　　　　　　　　　　調整後

1 「レイヤー」パネル下部の「塗りつぶしまたは調整レイヤーを新規作成」 ⬤ をクリックし、「明るさ・コントラスト...」を選択します。

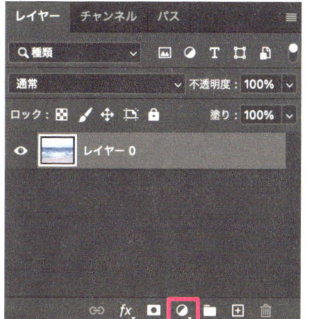
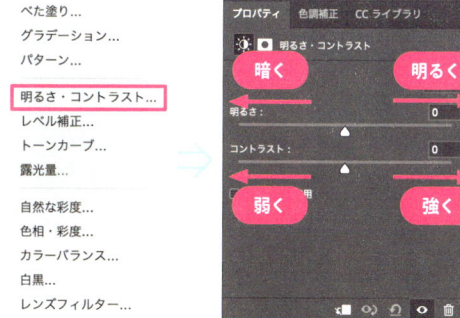

2 「明るさ」「コントラスト」それぞれのスライダーを左右に動かして、好みの明るさやコントラストに調整します。

レベル補正

明るさを変更する

調整前　　　　　　　　　　　　　調整後

1 「レイヤー」パネル下部の「塗りつぶしまたは調整レイヤーを新規作成」
⬛ をクリックし、「レベル補正…」を選択します。

2 それぞれのスライダーを動かして、明るさを設定します。1〜3は「入力レ
ベル」、4〜5は「出力レベル」と呼ばれます。

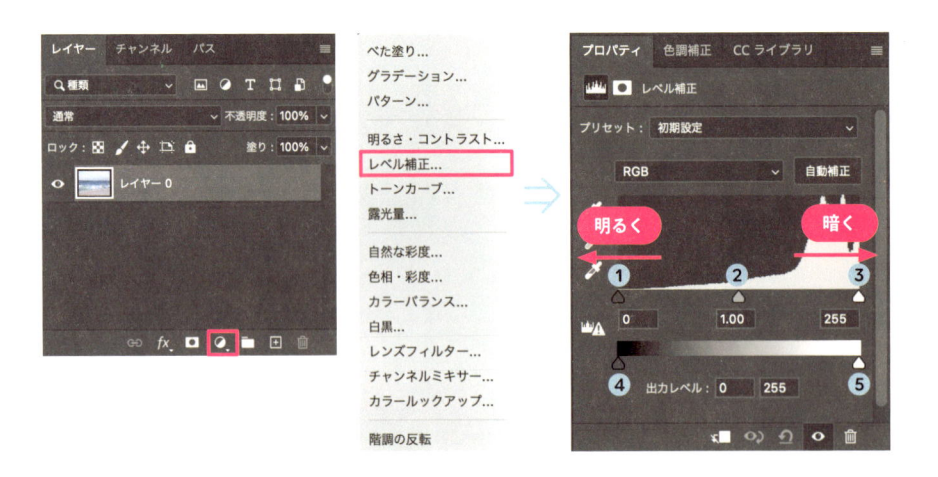

1 シャドウ→画像内の暗い部分の明るさを調整します。

2 中間調→画像内の中間くらいの明るさを調整します。

3 ハイライト→画像内の明るい部分の明るさを調整します。

4 出力レベル黒→全体が明るくなります。右に動かすと、その地点の数値の明る
さが画像内で一番暗い明度になります。

5 出力レベル白→全体が暗くなります。左に動かすと、その地点の数値の明るさ
が画像内で一番明るい明度になります。

色合いを変更する

変更前   変更後

1 先ほど開いた「レベル補正」パネルのプルダウンから調整したい色合いを選択します。
カラーモードに応じて表示される色が変わります。

2 明るさの調整と同様にスライダーを動かして色合いを設定します。

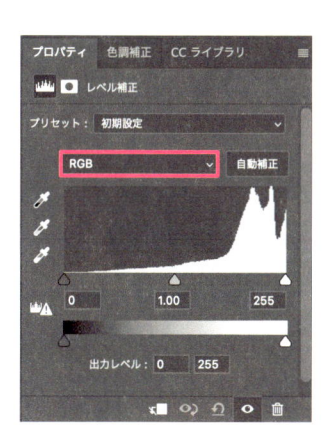
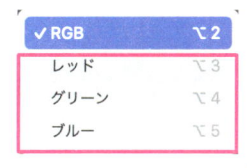
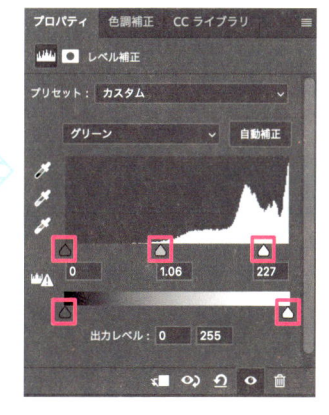

トーンカーブ

画像全体の明るさを変更する

調整前　　　　　　　　　　　　　　　　　　調整後

1 「レイヤー」パネル下部の「塗りつぶしまたは調整レイヤーを新規作成」をクリックし、「トーンカーブ...」を選択します。

2 中央の白い線の上をクリックして点を打ちます。ここでは画像内の中間くらいの明るさを調整するため、ライン上の中央をクリックして点を打ちます。

3 打った点をクリックしたまま、上に引き上げ明るくします。暗くしたい場合は下に引き下げます。

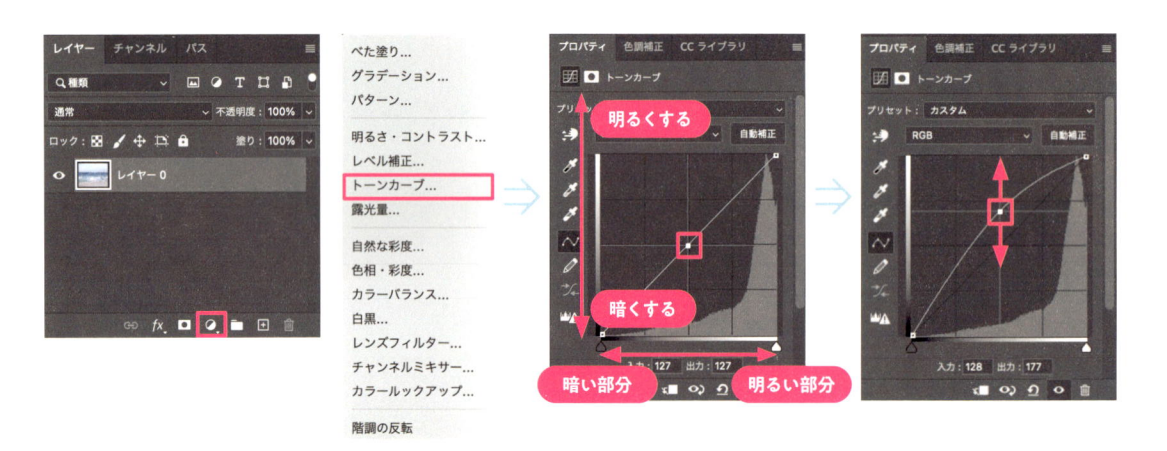

⊘ 間違えて打ってしまった点を削除するには？

消したい点をクリックしたままグラフの外まで思いっきり引っ張る、または delete で、点を消すことができます。
また、点をクリックしたままマウスを動かすと、点の場所を変更することも可能です。

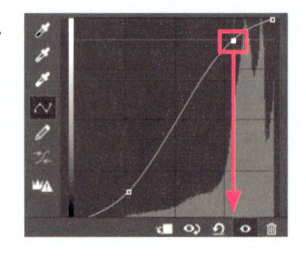

画像内の特定の箇所を指定する

明るさを調整したい箇所がトーンカーブのどこに当てはまるかわからない場合は、画像内の
特定の箇所を指定し、その明るさをピンポイントで調整することができます。

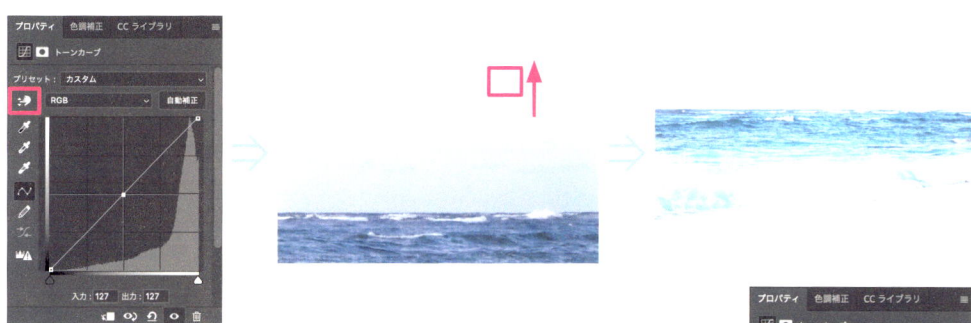

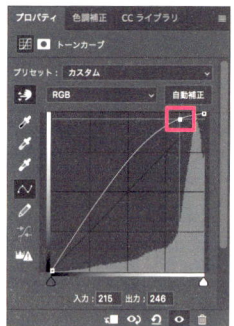

1 「トーンカーブ」を表示させたら、画像内の枠部分のを
クリックします。

2 空の明るくしたい部分をクリックしたまま上に引き上げます。

3 空を明るく調整できました。パネル内を確認すると、自動で
点が打たれ、カーブが描かれていることがわかります。

画像内のコントラストを強める

画像内の明るい箇所をさらに明るく、暗い箇所をさらに暗くすることで、画像のコントラストを
強めることができます。トーンカーブはこのような少し複雑な調整も行うことが可能です。

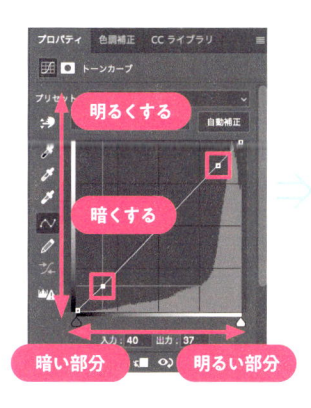

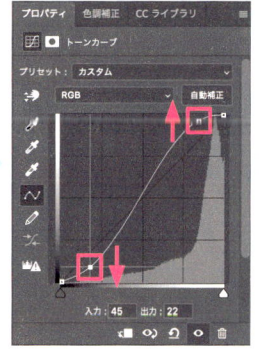

1 「トーンカーブ」を表示させたら、直線上を2箇所クリックします。1つは線の右上（ハイ
ライト部分）、もう1つは左下（シャドウ部分）です。

2 右上の点は上に動かし、左下の点は下に動かします。

3 画像内の明るい部分はさらに明るく、暗い部分はさらに暗くなり、コントラストを強める
ことができました。

⊘ 波型のグラフのようなものの正体、「ヒストグラム」とは？

「レベル補正」や「トーンカーブ」で補正を行う際に、パネル内には「ヒストグラム」と呼ばれるグラフのようなものが表示されます。画像は小さな点（ピクセル）の集合体で構成されています。「ヒストグラム」は、その画像内のピクセル1つ1つの輝度（明るさ）の分布図のようなものです。

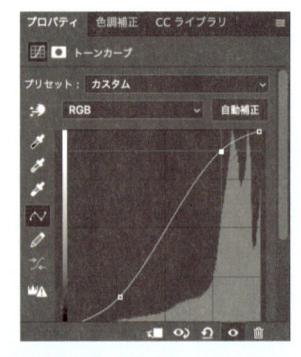

黒から白までの明るさを256段階に分け、各ピクセルがどの段階の明るさに属していて、同じ明るさのピクセルがどれくらいの量、画像内にあるのかを表現しています。グラフの横軸が明るさ、縦軸が明るさごとのピクセルの量です。

例えば右側にグラフの波が偏っていた場合、その画像は全体的にハイライト（明るい部分）が多い画像であると判断することができ、逆に波が左側に偏っている場合はシャドウ（暗い部分）が多い画像であると判断できます。

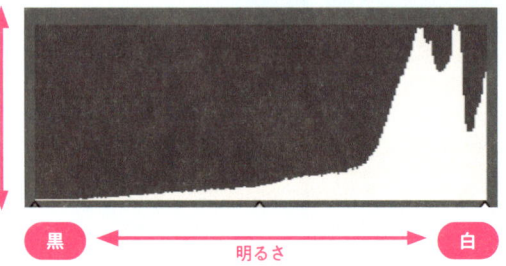

ピクセルの量

黒 ← 明るさ → 白

色相・彩度

画像全体の色相・彩度を変更する

調整前　　　　　　　　調整後

1 「レイヤー」パネル下部の「塗りつぶしまたは調整レイヤーを新規作成」 ◯ をクリックし、「色相・彩度...」を選択します。

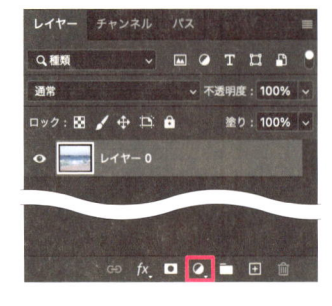

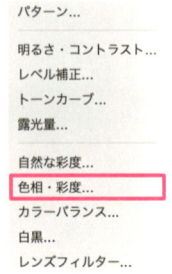

パターン...
明るさ・コントラスト...
レベル補正...
トーンカーブ...
露光量...
自然な彩度...
色相・彩度...
カラーバランス...
白黒...
レンズフィルター...

2 それぞれのスライダーを動かして、色味や鮮やかさ、明るさを変更します。

1 色相：色味の変更
2 彩度：鮮やかさの変更
3 明度：明るさの変更

画像全体の特定の色合いの彩度もしくは色相を変更する

1 「色相・彩度」パネルの 🖐 をクリックします。

2 画像内で鮮やかさを変更したい色をクリックし、そのままマウスを左右に動かします。クリックした箇所と同じ色合いの彩度を変更できます。
色相を変更したい場合には、command（Ctrl）を押したまま画面をクリックし、マウスを動かします。

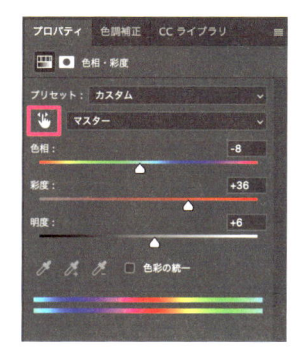 

白黒

調整前 　　　　　　　　　　　　　 調整後

1 「レイヤー」パネル下部の「塗りつぶしまたは調整レイヤーを新規作成」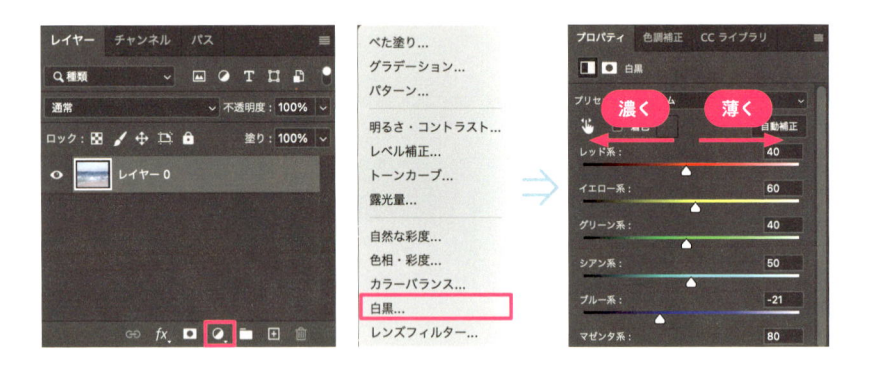 をクリックし、「白黒...」を選択します。

2 モノクロに変更されます。スライダーを動かすと、それぞれの色味の濃さを変更でき、好みのモノクロ写真に仕上げることができます。

☑ **「白黒」とカラーモードの「グレースケール」とは何が違う?**

画面上部のメニューバーの「イメージ」→「モード」→「グレースケール」を選択しても、「グレースケール」に変換することができます。しかし、カラーモードを「グレースケール」にすると、

カラー情報がすべて破棄されてしまうので、カラーの画像に戻すことができなくなります。

一方、「調整レイヤー」の「白黒」は、あくまでも画像を白黒にするカバーのようなものをかけているだけなので、元のカラー画像を保つことができます。また、スライダーを動かすことで、白黒の微調整も同時に行うことが可能です。

なお、黒1色だけで画像を印刷する場合などは、画像のカラーモード自体を「グレースケール」にしてカラー情報を破棄する必要があるため、場合に応じて使い分けるようにするとよいでしょう。

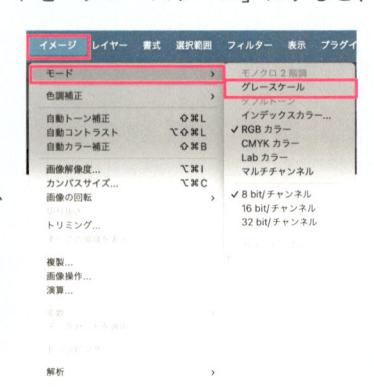

特定色域の選択

「特定色域の選択」は、画像内の特定の色域の色合いのみを調整することができる機能です。
青空や葉っぱなど、特定の色を鮮やかに調整する際に便利です。

調整前　　　　　　　　　　　　　　　　調整後

1 「レイヤー」パネル下部の「塗りつぶしまたは調整レイヤーを新規作成」 ◐ をクリックし、「特定色域の選択...」を選択します。

2 プルダウンから調整したい色域を選択し、「マゼンタ（赤系）」、「イエロー（黄色系）」、「シアン（青系）」、「ブラック」それぞれの色の量を調整します。
例えばサンプルの写真で「シアン系」を選択し、「シアン」のスライダーをプラス方向に動かすと、シアンの量が増えて水色系の色がより濃くなります。

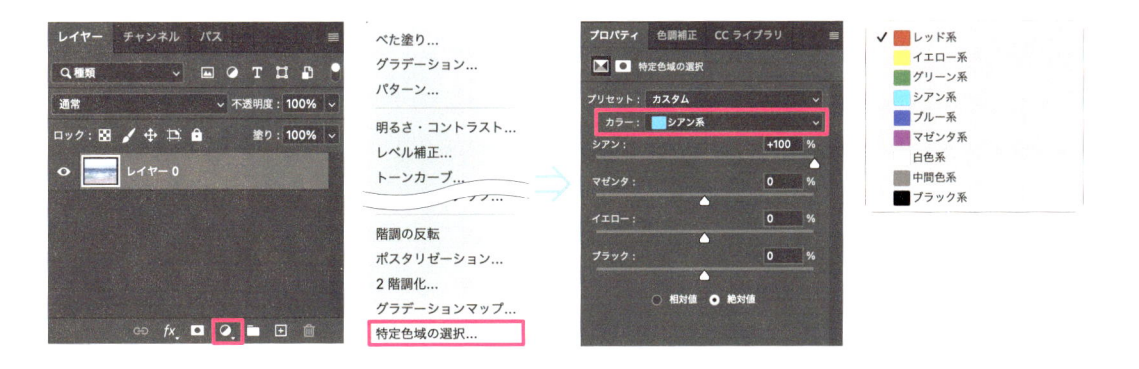

⊘ ［相対値］と［絶対値］は何が違う？

・**相対値**
シアン、マゼンタ、イエローの相対的な割合が変化します。明るさ自体はあまり変わらず、色の変化が「絶対値」と比較すると弱くなります。

・**絶対値**
シアン、マゼンタ、イエローの絶対的な値が変化します。色の量を増やすと濃く暗くなり、減らすと薄くなります。色の変化が大きく、ダイナミックに変化させることができます。

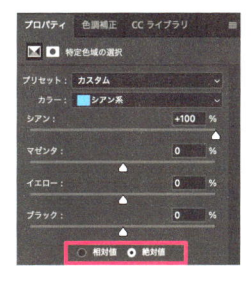

☑ 描画モード

「レイヤー」パネル内では、下の層のレイヤーをどのように合成（ブレンド）するのかを選択することができ、「描画モード」と呼ばれます。

全27種類ある「描画モード」のうち、よく使われる代表的なモードを解説します。

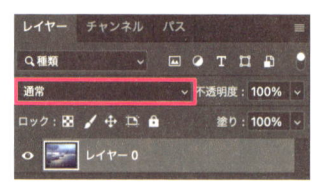

[通常]　「描画モード」の初期設定は[通常]になっています。下の「レイヤー」の影響をまったく受けません。

[比較（暗）]　上下の「レイヤー」のうち、より暗い方の色が適用されます。

[乗算]　上の「レイヤー」の色が、下の「レイヤー」の色に重ね塗りされます。

[覆い焼きカラー]　下の「レイヤー」を明るくし、上の「レイヤー」とのコントラストを弱めます。白がより強調されるため明るい部分はより明るく見えます。

[覆い焼き（リニア）-加算]　下の「レイヤー」を明るくし、上の「レイヤー」と重なった部分がより明るくなります。

[スクリーン] 色が重なれば重なるほど明るくなります。

[焼き込みカラー] 下の「レイヤー」の色味はそのままに、上の「レイヤー」とのコントラストを強くします。暗いところはより暗くなります。

[焼き込み(リニア)] 下の「レイヤー」の明るさが落ちるため、[焼き込みカラー]よりもさらに全体が暗くなります。

[カラー比較(明)] [カラー比較(暗)]と逆に、上下の「レイヤー」を比較し、明るい方の色が適用されます。

[オーバーレイ] 下の「レイヤー」が暗いと上の「レイヤー」が[乗算]に、下の「レイヤー」が明るいと[スクリーン]が適用されます。

☑ 「フィルター」でできること

「フィルター」とは

「フィルター」は、写真や画像に特殊な加工を施すことができる機能です。

絵画調にしたり、ぼかしやノイズを加えたりなど、「フィルター」の種類は多種多様にあります。その中でもよく使われる代表的なものを解説します。

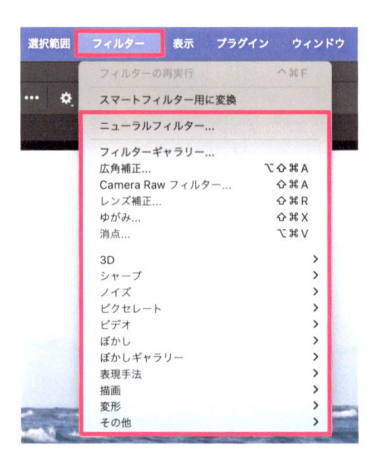

☑ 「フィルター」の使用前に写真は「スマートオブジェクト」に変換しよう!

「フィルター」で加工を施すと、写真にその加工が直接書き込まれるため、再編集をしたり、「フィルター」の効果を削除したりすることが難しくなります。

「スマートオブジェクト」に変換したうえで「フィルター」をかけると、「フィルター」を何度でも編集でき、また非表示にすることもできるので便利です。

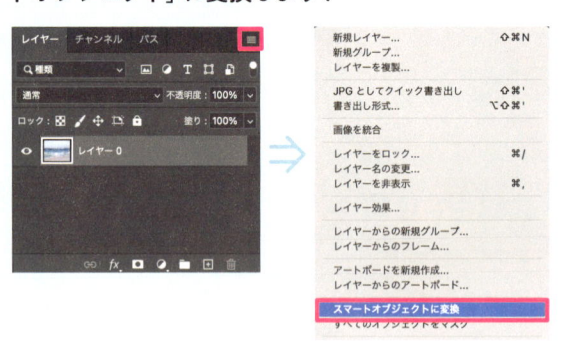

フィルターギャラリー

画像を水彩画風にしたり、スケッチ風にしたりなど、主に手書き風の加工を行える「フィルター」が多く用意されています。画像のカラーモードが「CMYK」では「フィルターギャラリー」が使えないため、使用する際は「RGB」にしておきましょう。

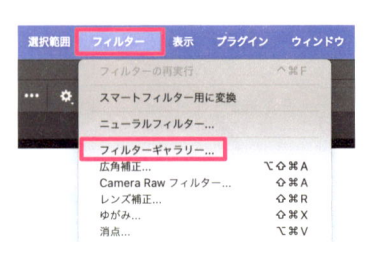

1 プレビュー画面

　「フィルター」をかけた場合のプレビューーが確認できます。

2 「フィルター」の種類

　適用する「フィルター」を選択します。ここで選択した「フィルター」がプレビューに表示されます。

3 詳細設定

　各スライダーを動かすことで、加工の強さなどの細かい設定が行えます。設定内容は「フィルター」ごとに異なります。

4 フィルターの確認・追加・削除

　現在適用されている「フィルター」の種類が確認できます。また、画面下の ⊞ で新しい「フィルター」の追加や、🗑 で不要な「フィルター」の削除が行えます。

Camera Rawフィルター

「Camera Rawフィルター」では、写真の明るさや色合いの調整、傾きの補正や画像の一部にマスクをかけるなど、基本的な編集を「フィルター」内で行うことができます。基本的にスライダーを動かすだけで調整できるので、直感的に操作できる点も便利です。

画像のカラーモードが「CMYK」では「Camera Rawフィルター」が使えないため、使用する際は「RGB」にしておきましょう。

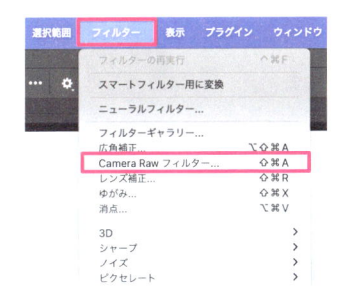

1 プレビュー画面

　調整後のプレビューが確認できます。「プレビュー」のチェックを外すと元の画像が表示されます。

2 設定画面

　各項目のスライダーを動かして細かく設定できます。

3 編集内容の選択

　編集する内容を選択できます。この内容によって **2** に表示される項目が変わります。次ページを参照してください。

☑ Camera Rawフィルターで編集できる内容

⚙ 編集（明るさ・色合い等）

画像の明るさや鮮やかさ、色合いなどの調整や、ノイズを加えたりシャープにしたりなどの基本的な画像補正を行うことができます。

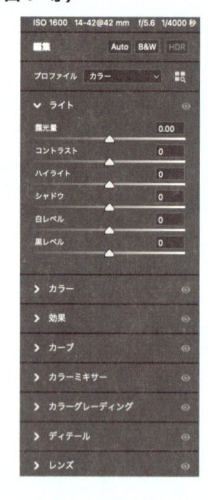

🧽 コンテンツに応じた削除

画像の中の不要なオブジェクトを削除できます。

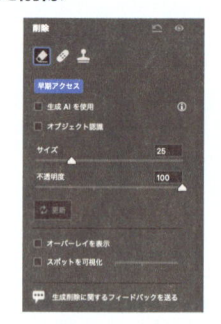

🔔 ジオメトリ

画像の傾きや遠近感などを調整できます。

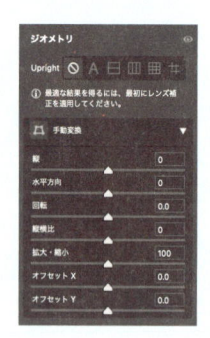

⊙ マスク

マスクをかけて画像の一部だけが見えるように編集できます。マスクをかける範囲の微調整も行えます。

⊙ 赤目補正

フラッシュ撮影で赤目になってしまったときの補正が行えます。

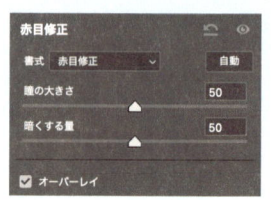

シャープ

ピンボケや手ブレなどでぼやけてしまっている写真をくっきりシャープに仕上げる「フィルター」です。シャープにする「フィルター」にはいろいろな種類がありますが、よく使用する2種類を見ていきます。

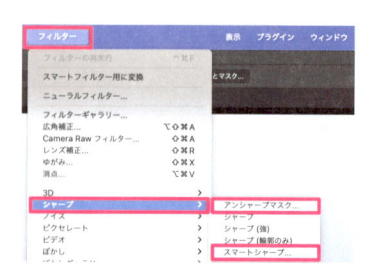

アンシャープマスク

「アンシャープマスク」は、画像内のエッジに沿ってピクセルのコントラストを強めることで、
写真をはっきりと見せるフィルターです。

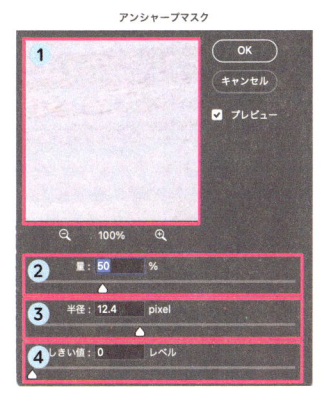

1 プレビュー画面

「フィルター」をかけた場合のプレビューが確認できます。「プレビュー」の
チェックを外すと元の画像が表示されます。

2 量

数値が大きいほどピクセルのコントラストが強くなりシャープさが増します。

3 半径

エッジ周辺のピクセルをどの範囲までシャープにするのか範囲を指定しま
す。エフェクトの効果が強くなります。

4 しきい値

数値が大きいほどエフェクトの効果が抑えられ、ノイズなどを軽減できます。

スマートシャープ

「アンシャープマスク」よりも設定できる項目が多く、ノイ
ズなどを軽減しながら自然に仕上げることができます。

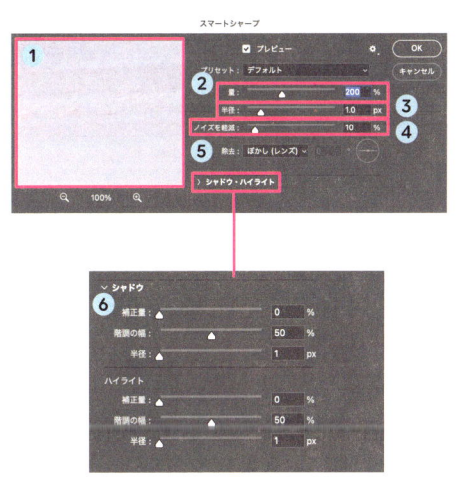

1 プレビュー画面

「フィルター」をかけた場合のプレビューが確認できます。「プ
レビュー」のチェックを外すと元の画像が表示されます。

2 量

数値が大きいほどピクセルのコントラストが強くなりシャ
ープさが増します。

3 半径

エッジ周辺のピクセルをどの範囲までシャープにするのか
範囲を指定します。数値が大きいと効果が強くなります。

4 ノイズを軽減

シャープにする際に発生するノイズを軽減する度合いを設
定します。数値が大きいほどノイズが軽減されます。

5 除去

どのようにシャープにするのか、アルゴリズムを設定します。

・ぼかし（ガウス）：[アンシャープマスク]と同じ方法です。

・ぼかし（レンズ）：画像のエッジを自動で検出し、ノイズを抑えながらシャープにします。

・ぼかし（移動）：カメラや被写体が動いたことで生じたボケをシャープにします。角度も設定できます。

6 シャドウ・ハイライト

画像内の暗い部分や明るい部分のシャープを調整できます。

ノイズ

写真全体のノイズを減らしたり、逆にノイズを加えた
りしてレトロな質感を出すこともできます。
主に使用する3つの機能について見ていきます。

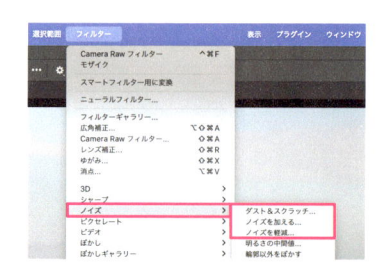

ダスト＆スクラッチ

画像全体をぼかすことで、画像の中の小さなゴミを見えなくすることができます。ゴミが見
えなくなるまで全体をぼかすと、写真全体もぼやけてしまうため、ゴミの部分以外にレイヤ
ーマスクをかけて使用するなどの工夫が必要です。

「レイヤーマスク」についてもっと詳しく ➡ p.196

1 プレビュー画面
「フィルター」をかけた場合のプレビューが確認できます。「プ
レビュー」のチェックを外すと元の画像が表示されます。

2 半径
ぼかしの強さを設定します。数値が大きくなればなるほどエ
フェクトの効果が強くなります。

3 しきい値
数値が大きいほどエフェクトの効果が抑えられ、画像をはっ
きりとみせることができます。

ノイズを加える

画像にノイズを加えてレトロな質感を加えることができます。

1 プレビュー画面
「フィルター」をかけた場合のプレビューが確認できます。「プ
レビュー」のチェックを外すと元の画像が表示されます。

2 量
ノイズの量を調整できます。

3 分布方法
均等に分布：ノイズが画像内に均等に分布します。
ガウス分布：ノイズが斑点状になり、効果が強く見えます。

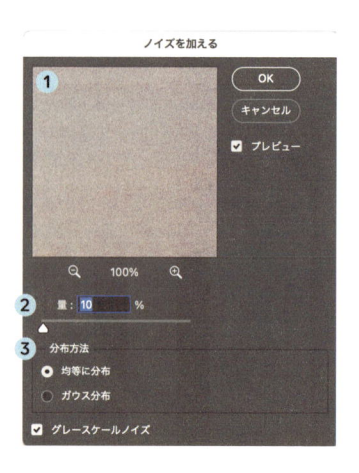

ノイズを軽減

画像内のノイズを軽減させることができます。

1 プレビュー画面

「フィルター」をかけた場合のプレビューが確認できます。
プレビューのチェックを外すと元の画像が表示されます。

2 強さ

数値が大きいほどノイズが軽減されます。

3 ディテールを保持

テクスチャーなどの細かい部分をどれくらい保持するか設
定します。数値が高いと質感を保持できますが、ノイズが
増えます。

4 カラーノイズを軽減

色がついたノイズを軽減できます。数値が増えるとよりカ
ラーノイズが軽減されますが、画像の鮮やかさが失われます。

5 ディテールをシャープに

数値が大きいほど画像がくっきりとシャープになりますが、ノイズが増えます。

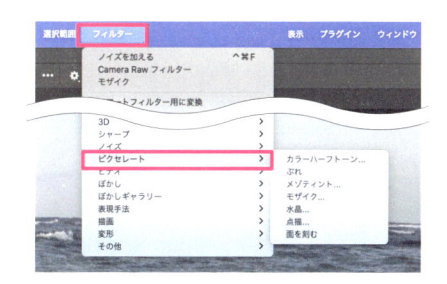

ピクセレート

「ピクセレート」内の「フィルター」を適用すると、
写真の印象や雰囲気を大胆に変えることができます。
その中から4つを見ていきます。

カラーハーフトーン

丸の集合体で画像を表現することができます。「最大半
径」は円の大きさを、各チャンネルの数値はそれぞれ
の円の色をどれくらいの角度にずらすかを表していま
す。

メゾティント

もともとは銅板画の技法のことで、画像を銅板画風に
加工することができます。「種類」のプルダウンからさ
まざまな表現を選択でき、印象も大きく変わります。

モザイク

モザイク加工を施すことができます。[セルの大きさ]が大きいほど1つのピクセルが大きくなり、効果の度合いが強くなります。

点描

点描画のようにさまざまな点の集合体で画像を表現します。[セルの大きさ]が大きいほど1つ1つの点が大きくなります。

ぼかし

文字どおり、画像にぼかしを加えられる加工ですが、全部で11種類あります。その中でも使われる頻度が高い2種類を見ていきます。

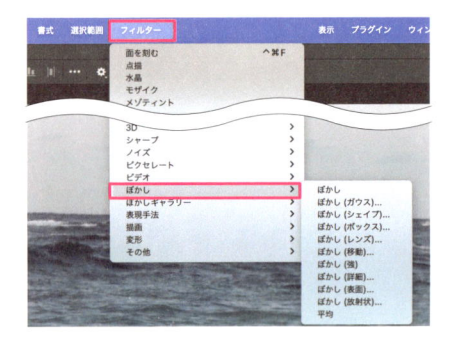

ぼかし（ガウス）

画像全体を均一にぼかすことができます。[半径]の数値が大きいほどボケの度合いが強くなります。画像をぼかすときは、この「ぼかし（ガウス）」が最もよく使われます。

ぼかし（移動）

被写体が動いているように見えるようなぼかしを入れることができます。
[角度]で移動している方向、[距離]で移動の長さを設定できます。

☑ 修復系ツールでできること

修復系ツールを使うことで不要なオブジェクトの除去や修正など、さまざまな修正を行うことができます。
「削除ツール」などAI機能を搭載したツールも登場し、精度がさらに向上しています。

スポット修復ブラシツール

1 画面左のツールバーから「スポット修復ブラシツール」🩹 を選択し、画面上部のオプションバーでブラシの大きさなどを設定します。

2 不要なオブジェクトの消したい範囲を覆うようにドラッグして塗りつぶしします。

削除ツール

1 「削除ツール」🩹 を選択し、画面上部のオプションバーでブラシの大きさなどを設定します。

1 各ストローク後に削除
- ・チェックをオン：マウスを離した時点で適用→シンプルなオブジェクトの場合におすすめ
- ・チェックをオフ：「現在のストロークに適用」または return （ Enter ）で適用→込み入った構図のオブジェクトなどストロークを何度かに分けたい場合におすすめ

2 不要なオブジェクトの消したい範囲を囲むか覆うようにドラッグして塗りつぶします。

パッチツール

1 「パッチツール」を選択し、画面上部のオプションバーでブラシの大きさなどを設定します。

2 「なげなわツール」など選択範囲系のツールで消したい領域を囲み、選択範囲を作ります。

3 「パッチツール」を選択し、選択範囲をドラッグして、色などの印象が近い箇所に移動します。

修復ブラシツール

1 「修復ブラシツール」を選択し、画面上部のオプションバーでブラシの大きさなどを設定します。

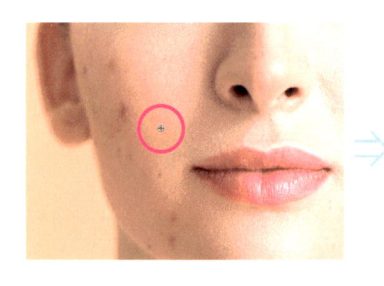 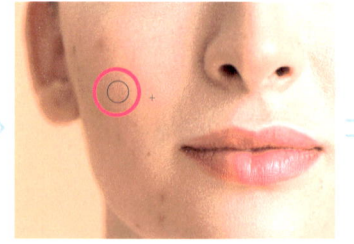 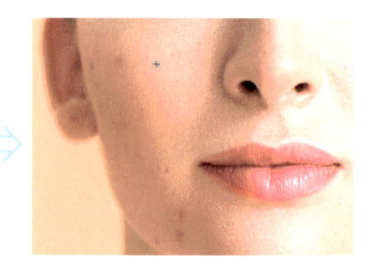

2 修正したい箇所と似た色や質感の箇所を option (Alt) を押しながらクリックしてコピーします。

3 修正したい箇所をクリックまたはドラッグします。

コピースタンプツール

1 「コピースタンプツール」 ![icon] を選択し、画面上部のオプションバーでブラシの大きさ
などを設定します。

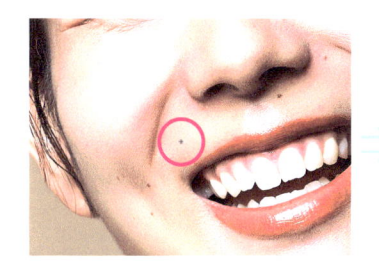 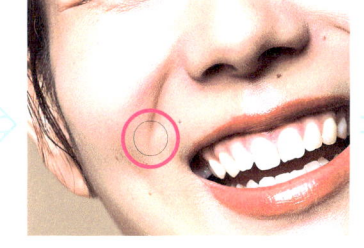 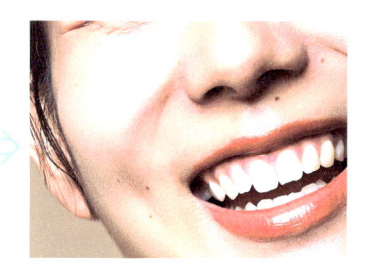

2 修正したい箇所と似た色や質
感の箇所を option (Alt)を押しな
がらクリックしてコピーします。

3 修正したい箇所をクリックまたはドラッグします。コピーとクリック
を繰り返して少しずつ適用します。

コンテンツに応じた塗りつぶし

1 「なげなわツール」 ![icon] など選択範囲系のツールで消
したい領域を囲み、選択範囲を作ります。

2 画面上部のメニューバーの「編集」→「コンテンツに応
じた塗りつぶし」を選択し、「コンテンツに応じた塗りつ
ぶし」ワークスペースでサンプリング領域を調整します。

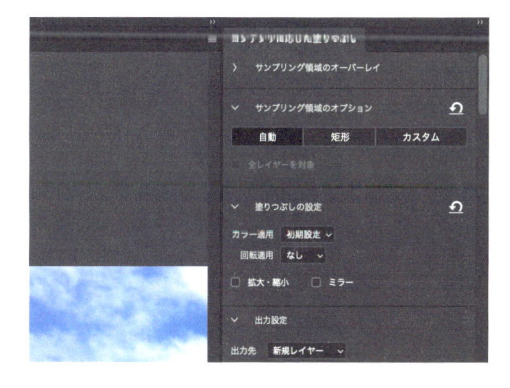

「生成塗りつぶし」

1 「なげなわツール」 など選択範囲系の
ツールで消したい領域を囲み、選択範囲を
作ります。

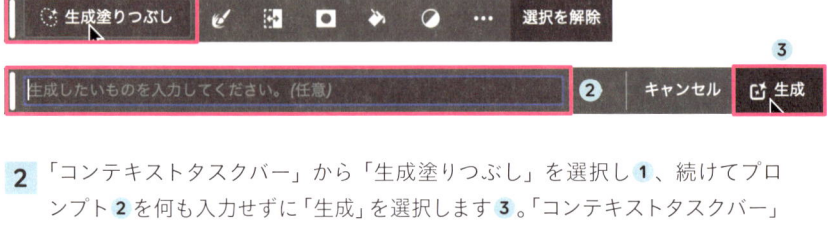

2 「コンテキストタスクバー」から「生成塗りつぶし」を選択し **1**、続けてプロ
ンプト **2** を何も入力せずに「生成」を選択します **3**。「コンテキストタスクバー」
が表示されていない場合は、画面上部のメニューバーの「ウィンドウ」→「コ
ンテキストタスクバー」で表示できます。

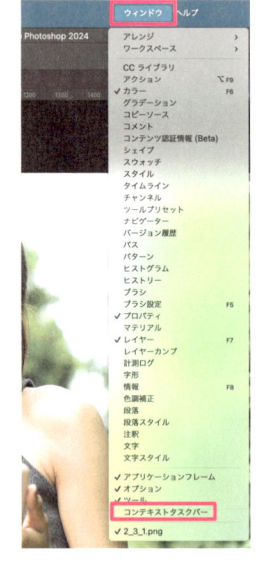

3 「プロパティ」パネ
ルの［バリエーショ
ン］からイメージに
近い候補を選択し
ます。

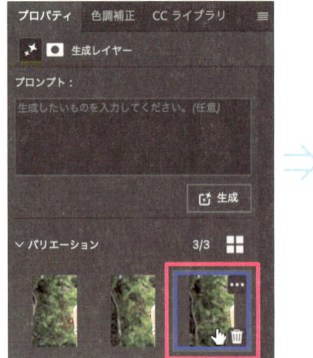

COLUMN

除去系ツールの使い分け

不要なオブジェクトを消す方法は、これまでに紹介したようにさまざまありますが、どのように使い分ければよい
か迷ってしまうことも多いと思います。
そこでまずは「オブジェクトを消す」場合は、比較的新しい機能である「生成塗りつぶし」または「削除ツール」
を使ってみましょう。この2つの機能はともにAIが使われており、非常に汎用性の高い機能です。

01 生成塗りつぶし

人物同士が交差している画像や、街中の背景がある画像から
人物を取り除くといった、今までの機能では時間をかける必
要があった修正が、「生成塗りつぶし」では短時間で可能です。

02 削除ツール

一方で生成塗りつぶしは、生成に時間がかかるため、自然の
背景から人物を取り除く、木のテクスチャの上に置かれたオ
ブジェクトを除去する、肌のシミを消す、空を飛んでいる鳥
を消すといった比較的シンプルな修正では「削除ツール」
を使ってみましょう。

03 注意点

この2つの機能はともにAIが使われており、非常に汎用性の高い機能
です。ただし、「生成塗りつぶし」「削除ツール」 ともにとても便
利な機能ですが、見えない箇所をAIが補完するため注意点もあります。
・修正で残したい人物に大きく選択範囲が被ってしまう場合、骨格が
　変わってしまうことがある。
・景観の場合、特に街中など実在しない見た目となることがある。
これらのメリット、デメリットを踏まえて活用しましょう。

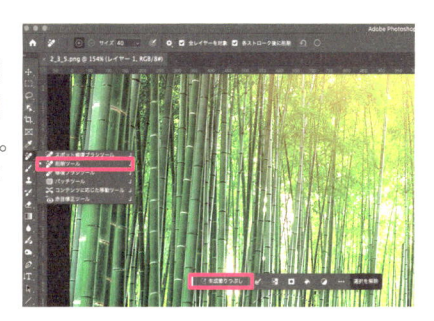

選択範囲とは・選択範囲でできること

選択範囲とは、色調補正、切り抜き、マスクをかけるなどの操作をどの部分に適用するのかを示すための領域のことです。

選択範囲の作成は加工を行うための最初の一歩となる重要な操作なので、Photoshopではさまざまな方法が用意されています。

選択範囲の活用法はいくつかありますが、代表的な3つの操作を紹介します。

色調補正

1 洋服の選択範囲を作ります。

2 服の色を変更します。

切り抜き

1 人物の選択範囲を作ります。

2 選択範囲のみ複製して、人物を切り抜きます。

マスクをかける

1 人物の選択範囲を作ります。　**2** マスクをかけます（カンバス上の見た目は切り抜きと同じです）。

選択範囲を増やす、減らす、解除する

選択範囲を増やす

1 `shift` を押してカーソルに「+」のマークが現れたことを確認し、`shift` を押したまま追加したい範囲をドラッグします。

もしくは画面上部のオプションバーの「選択範囲に追加」 をクリックしてから、追加したい範囲をドラッグしても同じように追加できます。

2 ドラッグした範囲の選択範囲が追加されました。今回は隣接した範囲を追加しましたが、離れていても同様に選択範囲を増やすことができます。

選択範囲を減らす

1 `option`（`Alt`）を押してカーソルに「-」のマークが現れたことを確認しましょう。キーを押したまま減らしたい範囲をドラッグします。もしくは画面上部のオプションバーの「現在の選択範囲から一部削除」をクリックしてから範囲をドラッグしても、同じように減らすことができます。

2 ドラッグした範囲の選択範囲が削除されました。

解除する

1 選択範囲が作られている状態で、`command`（`Ctrl`）＋ `D` を押すと選択がすべて解除されます。もしくは「長方形選択ツール」など選択範囲系のツールを選択している状態で、画面上で右クリックし、「選択を解除」を選びます。

☑ 選択ツール

選択系ツールを紹介します。
長方形、楕円形の選択ツールで選択する場合は、 shift を押しながらドラッグすることで
縦横比を固定し、 option （ Alt ）を押しながらドラッグすることで中央を起点に選択範囲を作
ることができます。

長方形選択ツール

四角形の選択範囲を作成します。画面左のツールバーから「長方形選択ツール」 を選択します。この作例では、左上を基点に右下にドラッグして、長方形の選択範囲を作成します。

楕円形選択ツール

円形の選択範囲を作成します。「楕円形選択ツール」 を選択します。この作例では shift ＋ option （ Alt ）を押しながら、中央を起点に正円の選択範囲を作成します。

多角形選択ツール

クリックごとに直線が引かれるため、輪郭が真っ直ぐな選択範囲を作成します。「多角形選択ツール」 を選択します。ビルのコーナーをクリックして、多角形の選択範囲を作成します。クリックするたびに点が打たれ、始点と終点を結んだ範囲内が選択範囲になります。

なげなわツール

フリーハンドで自由な形の選択範囲を作成します。「なげなわツール」 を選択します。マウスをドラッグして、鳥を囲うように選択範囲を作成します。

マグネット選択ツール

オブジェクトの境界に沿って、ある程度スナップしながら選択範囲を作成します。

1 「マグネット選択ツール」 を選択し、画面上部のオプションバーで［頻度］などを設定します。

2 花びらの境界をクリックして最初の固定ポイントを設定し、境界に沿ってポインターを動かして選択範囲を作成します。セグメントはある程度、境界にスナップします。

自動選択ツール

画像内の同じような色の選択範囲を作成します。

1 「自動選択ツール」 を選択し、画面上部のオプションバーで［許容値］などを設定します。許容値は選択したピクセルのカラーの範囲です。許容値が高いと、選択されるカラーの範囲が大きくなります。

2 パソコンの液晶部分をクリックし、選択範囲を作成します。

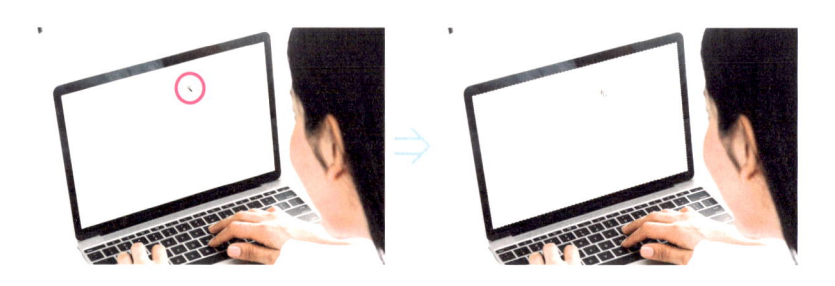

クイック選択ツール

画像内のオブジェクトや領域をブラシでドラッグすることで境界を自動的に見つけて、選択範囲を作成します。

1 「クイック選択ツール」 を選択し、画面上部のオプションバーでブラシの大きさなどを設定します。

2 オレンジをドラッグして、選択範囲を作成します。

被写体を選択

画像内の人物や動物、オブジェクトなどの被写体を自動的に検出して選択範囲を作成します。
「コンテキストタスクバー」から「被写体を選択」を選択します。
「コンテキストタスクバー」が表示されていない場合は、画面上部のメニューバーの「ウィンドウ」→「コンテキストタスクバー」で表示します。
また、「被写体を選択」は、「コンテキストタスクバー」以外にも「プロパティ」パネル（ラスタライズされたレイヤーの場合）やメニューバーの「選択範囲」→「被写体を選択」からも選択できます。

選択とマスク

より詳細な選択範囲を作成します。特に画像内の人物の髪や毛皮などの細かい調整は「選択とマスク」をよく使います。

1 「被写体を選択」などで選択範囲を作成した状態で、「コンテキストタスクバー」の「選択範囲を修正」→「選択とマスク...」を選択します。
　「選択とマスク」は「コンテキストタスクバー」以外にも画面上部のメニューバーの「選択範囲」→「選択とマスク」や、選択系のツールを選択した状態のオプションバーからも選択できます。

2 「選択とマスク」ワークスペースで選択範囲を
調整します。

1 ツールオプション

- 被写体を選択：写真のメインの被写体を選択します。
- 髪の毛を調整：髪の選択範囲を検出します。

2 ツール

- 「クイック選択ツール」：大まかな選択範囲を作成します。「被写体を選択」を使った場合は使用しないこともあります。
- 「境界線調整ブラシツール」：髪の毛や毛皮などディテールの細かい境界を調整する際に使用します。
- 「ブラシツール」：指先や洋服など比較的はっきりしている境界を調整する際に使用します。

3 右側の「属性」パネルでも調整します。

3 調整モード

- ［背景色に応じた］：シンプルな背景やコントラストの強い背景には、このモードを選択します。
- ［オブジェクトに応じた］：複雑な背景の髪の毛や毛皮には、このモードを選択します。

4 エッジの検出

- ［半径］：選択範囲の境界のサイズを指定します。シャープにするには小さく、ソフトにするには大きくします。
- ［スマート半径］：選択範囲の境界の調整領域を可変にします。

5 グローバル調整

- ［滑らか］：選択範囲の境界を滑らかにします。
- ［ぼかし］：選択範囲の境界をぼかします。
- ［コントラスト］：値を大きくすると、選択範囲の境界がシャープになります。

6 出力設定

- ［不要なカラーの除去］：フリンジと呼ばれる境界付近の余分なピクセルを除去することが可能です。
- ［出力先］：作成した選択範囲をマスクとして出力するか、新しいレイヤーとして出力するかなどを指定します。

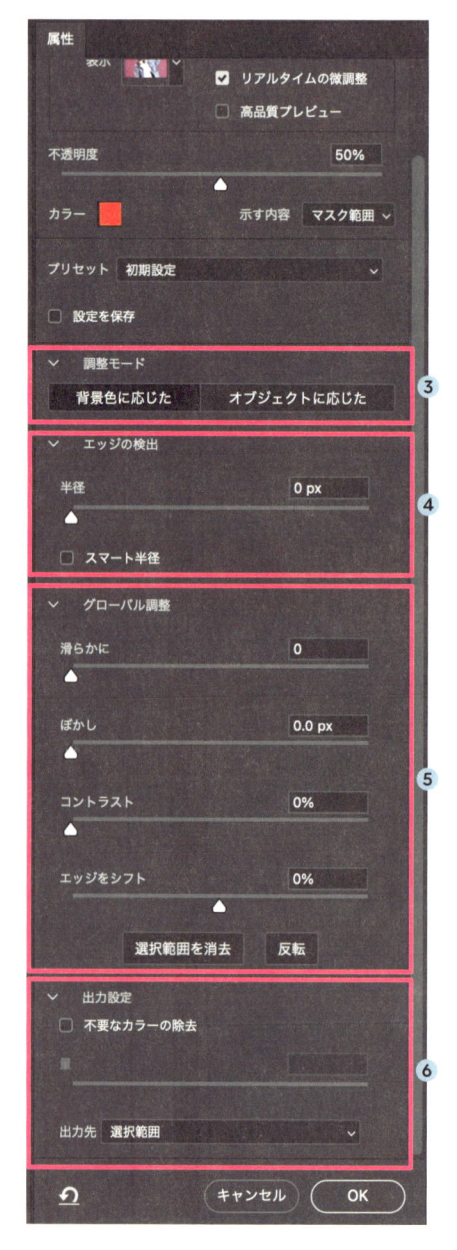

オブジェクト選択ツール

画像内のオブジェクトや領域を自動的に検出して選択範囲を作成します。
「オブジェクト選択ツール」 は、写真内の人物や山などのオブジェクトまたは領域
を自動的に選択します。大きく分けて2つの方法を紹介します。

オブジェクトファインダー

1 「オブジェクト選択ツール」 を選択し、画面上部のオプションバーで「オブジェ
クトファインダー」にチェックを入れます。

2 画像内で選択するオブジェクトまたは領域にポインターを合わせます。
この作例では空、森、湖に領域が分かれます。

モード

1 画面上部のオプションバーで［モード：長方形選択ツール］を選択します。

ドラッグ

2 洋服付近を大まかにドラッグします。

☑「レイヤーマスク」を使う

「レイヤーマスク」とは

「レイヤーマスク」は、画像内の一部だけをみせる際に使用します。画像の一部に黒い布のようなものをかぶせて覆い隠すようなイメージです。
画像自体を加工するわけではないため、元の画像をそのまま保管することができる点が利点です。マスクの形を変更することで、見える範囲を何度でも変えることができます。

マスクをかける

1 画像の中で見えるようにしたい範囲の選択範囲を作成します。

📖「選択範囲」についてもっと詳しく ➜ p.188

2「レイヤー」パネル下部の「レイヤーマスク」 ▣ をクリックします。

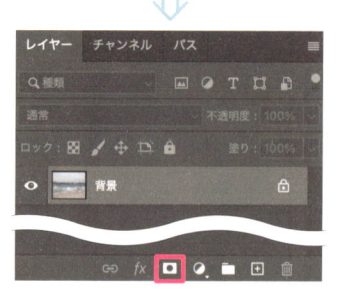

3 選択範囲の外にはマスクがかけられ、選択範囲内の画像だけが表示されます。

4「レイヤー」パネル内にもマスクのサムネイルが追加されます。

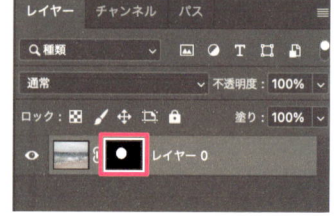

マスクを編集する

「レイヤーマスク」は、［黒（#000000）］が隠れている部分、［白（#ffffff）］が見えている（表示されている）部分です。これを頭に入れておくことで編集がやりやすくなります。

 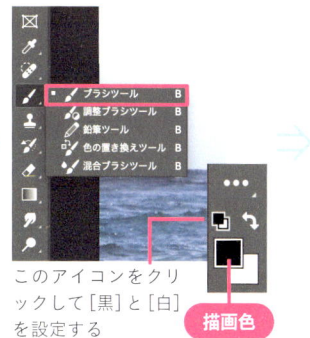

このアイコンをクリックして［黒］と［白］を設定する

描画色

1 「レイヤー」パネル内のマスクのサムネイルをクリックして選択します。

2 「ブラシツール」 を選択し、マスクを外したい場合は「白」、マスクを追加したい場合は［黒（#000000）］の描画色を設定します。

3 画面の中を「ブラシツール」 で塗ります。［白（#ffffff）］が描画色の場合はマスクで隠れていた範囲が見えるようになり、［黒（#000000）］が描画色の場合はマスクで隠れる範囲が追加されます。

マスクを一時的に非表示にする

 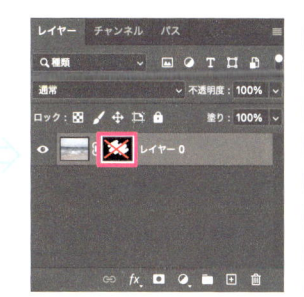 

1 shift を押しながら、「レイヤー」パネル内のマスクのサムネイルをクリックします。

2 マスクのサムネイルに「×」が表示され、元の画像が確認できます。
もう一度マスクを表示したい場合は、同じく shift を押しながらマスクのサムネイルをクリックします。

マスクだけを表示させる

1 option（Alt）を押しながら、「レイヤー」パネル内のマスクのサムネイルをクリックします。

2 画面上にマスクだけが表示されます。この状態で編集することも可能です。もう一度マスクをかけた画像を表示したい場合は、同様にoption（Alt）を押しながらマスクのサムネイルをクリックします。

 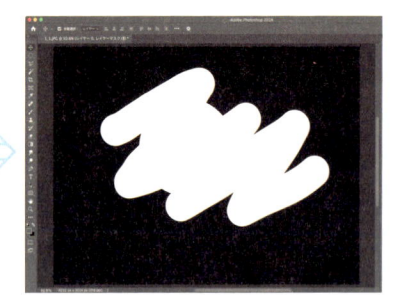

マスクを削除する

1 「レイヤー」パネルの「レイヤーマスク」のサムネイルが選択されていることを確認し①、パネルの下部にある「レイヤーを削除」🗑 をクリックするか②、サムネイルを 🗑 にドラッグします。

2 確認画面で「削除」を選択します。なお、マスクで隠した部分をそのまま削除したい場合は「適用」を選択します。

3 マスクが削除されて、画像が元の状態に戻りました。

☑ **マスクは半透明やグラデーションにもできる！**

マスクを編集する際に［黒］や［白］ではなく［グレー］を設定すると、画像を半透明にすることもできます。また、マスク部分に白〜黒のグラデーションを適用すると、グラデーションに応じて画像が徐々に表示されます。
マスクにぼかしを適用すれば、輪郭をふわっとさせることもできます。

長方形ツール

1 画面左のツールバーか
ら「長方形ツール」
を選択し、画面上
部のオプションバーで
「ツールモード」などを設定します。

2 ドラッグして長方形を作ります。
shift を押しながらドラッグすることで
縦横比を固定したシェイプができます。ま
た、シェイプの作成途中で、 option （ Alt ）
を押しながらドラッグすることで中央を起
点にシェイプを作ることができます。

色の変え方

作成したシェイプの［塗り］の色は、「プロパティ」パネルまたは画面上部のオプションバ
ーの［塗り］、「レイヤー」パネルでレイヤーサムネイルをダブルクリックすることで「カラ
ーピッカー（べた塗りのカラー）」ダイヤログを開いて変更します。

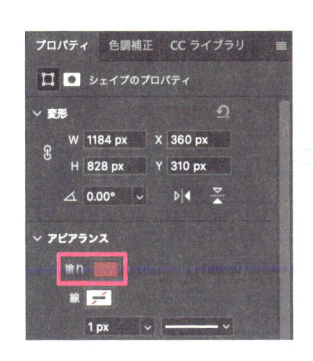 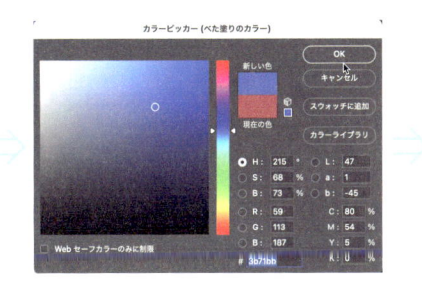 

線の付け方

作成したシェイプに「線」を足す場合は、「プロパティ」パネルまたは画面上部のオプションバーの［線］に色と線幅を設定して追加します。

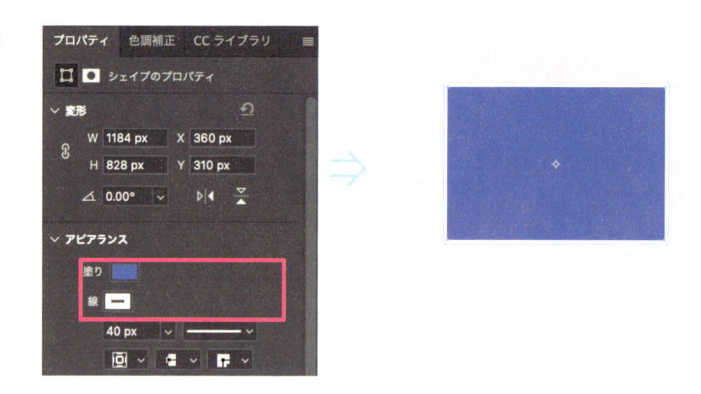

☑ ブラシツール

色の変え方（描画色・背景色）

画面左のツールバーにある、描画色・背景色ですが、「ブラシツール」 の色は描画色が反映されます。色を変更する場合は描画色の色を変更します。背景色は主にマスクで塗る際、黒と白の切り替えに使います。ショートカットキーの X を使うと、描画色と背景色の切り替えができます。

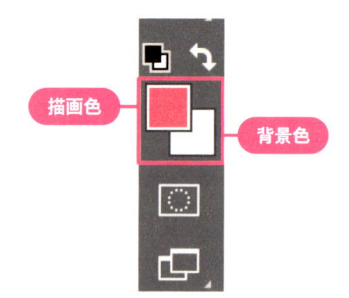

ブラシの種類や太さ、硬さ、流量などについて

「ブラシ」を使う場合は、まず「ブラシツール」 を選択し、画面上部のオプションバーから「ブラシプリセットピッカー」 1 を開き、ブラシの種類や直径、硬さなどを設定、続いて流量などを設定します。

●ブラシの種類

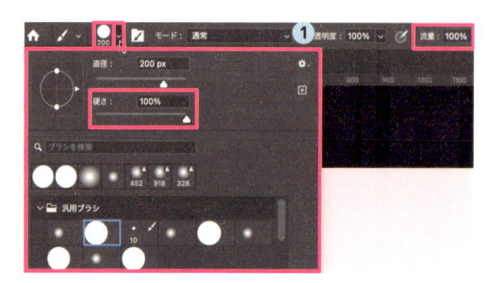

［ハード円ブラシ］［硬さ：100%］［流量：100%］で塗った例

● ブラシの硬さ

「硬さ」とは、ブラシの輪郭のぼかし具合です。

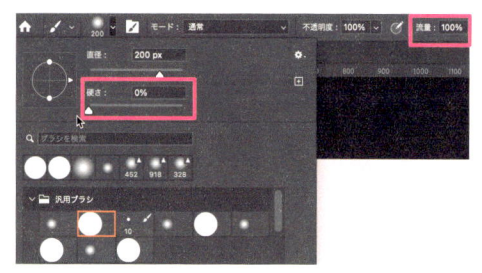

［ハード円ブラシ］［硬さ：0％］［流量：100％］で塗った例

● ブラシの流量

「流量」とは、濃度のことです。

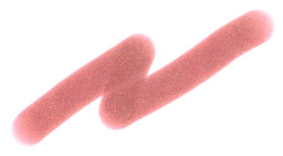

［ハード円ブラシ］［硬さ：100％］［流量：10％］で塗った例

● ブラシの設定

「ブラシツール」は「ブラシ設定」パネルを開くと、より細かく設定できます（見つからない場合は画面上部のメニューバーの「ウィンドウ」→「ブラシ設定」から開きます）。

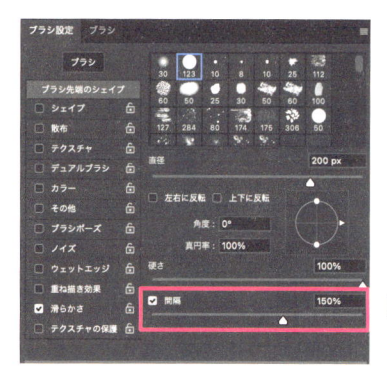

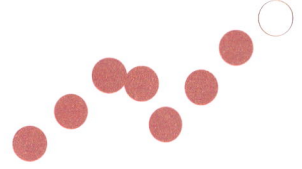

［間隔：150％］で塗った例

☑ 消しゴムツール

1 「消しゴムツール」 を選択し、画面上部のオプションバーで詳細を設定します。

2 「レイヤー」パネルで「調整したいオブジェクトのレイヤー」を選択し、オブジェクトに対してドラッグすることで消去できます。
「消しゴムツール」はラスターレイヤーに適用できますが、スマートオブジェクトやベクターレイヤーなどには適用できません。

☑ 塗りつぶしツール

1 「塗りつぶしツール」 を選択し、ツールバーで描画色の色を設定します。

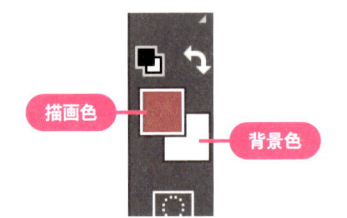

描画色
背景色

2 「レイヤー」パネルで「調整したいオブジェクトのレイヤー」（または新規レイヤー）を選択し、クリックして塗りつぶします。
「塗りつぶしツール」はラスターレイヤーに適用できますが、スマートオブジェクトやベクターレイヤーなどには適用できません。

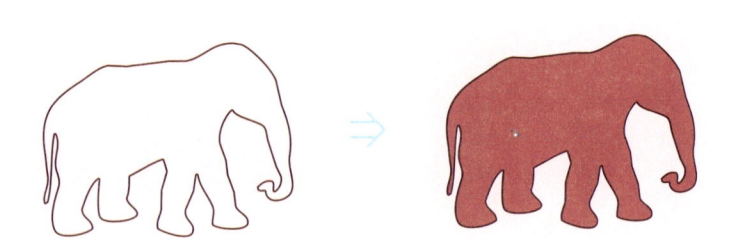

☑ グラデーションツール

1 画面左のツールバーから「グラデーションツール」 ■ を選択し、画面上部のオプショ
ンバーで［グラデーションプリセット］などを設定します。

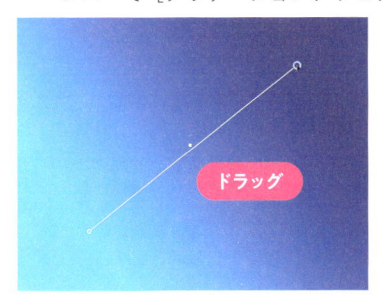

2 カンバス上でドラッグします。マ
ウスをクリックした位置が開始点
で、離した位置が終了点です。

3 「プロパティ」パネルで、作成したグラデーションを調整できます。

☑ ぼかしツール、シャープツール、指先ツール

ぼかしツール

1 「ぼかしツール」 ■ を選択し、画面上部のオプションバーで詳細を設定します。

2 ぼかしたい箇所をドラッグします。
この作例では手前と奥にぼかし
を適用しています。

シャープツール

1 「シャープツール」▲を選択し、画面上部のオプションバーで詳細を設定します。

2 シャープにしたい箇所をドラッグします。この作例では手前をシャープにしています。何度も重ねるとノイズが発生するので注意が必要です。

指先ツール

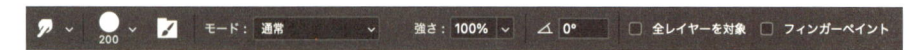

1 「指先ツール」を選択し、画面上部のオプションバーで詳細を設定します。

2 伸ばしたい箇所をドラッグします。この作例では蜂蜜の垂れ具合を伸ばしています。2点をクリックしても伸ばすことができます。

☑ 覆い焼きツール、焼き込みツール、スポンジツール

覆い焼きツール

1 「覆い焼きツール」を選択し、画面上部のオプションバーでブラシなどを設定します。

2 明るくしたい箇所をドラッグしま
す。この作例では顔と身体の前
面を明るくしています。

焼き込みツール

1 「焼き込みツール」 を選択し、画面上部のオプションバーで詳細を設定します。

2 暗くしたい箇所をドラッグします。
この作例では顔と身体の横と後
ろを暗くしています。

スポンジツール

1 「スポンジツール」 を選択し、画面上部のオプションバーで詳細を設定します。
［彩度］を［上げる］、または［下げる］で彩度の調整が可能です。

2 彩度を落としたい箇所をドラッグ
します。この作例では花の色を
落ちつかせるため、花の彩度を
調整しています。

☑ ペンツール

「ペンツール」 ✏ のパスを使ってコーヒーカップを切り抜きます。

1 「ペンツール」 ✏ を選択し、画面上部のオプションバーでツールモードを［パス］とします。

2 2点をクリックすることで直線が引けます。頂点がアンカーポイント、間の線がセグメントです。

ハンドルについて

コーヒーカップ下部の曲面の中央を右にドラッグして方向線を出します。この方向線がハンドルです。ハンドルの長さで曲線を制御します。ハンドルは shift を押しながらドラッグすることで、角度がある程度固定されます。

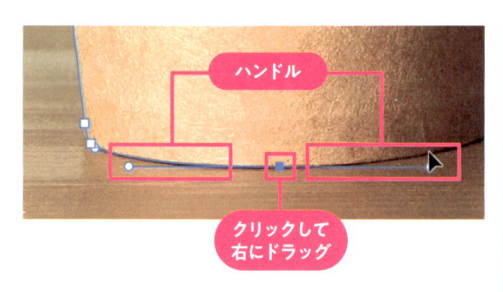

パスについて

直線と曲線を組み合わせてコーヒーカップの形状に沿ってトレースします。細かい
箇所は拡大して作業しましょう。

1 最初にクリックした点をつなげてクローズパスにします。パスとはペ
ンツールで書かれた線のことを指します。

2 パスが作成できたら画面上部のオプションバー
の［作成］から［マスク］を選択します **1**
（［パスの操作］ **2** は［シェイプを結合］を選択し
ておきます）。

［選択...］から選択範囲を作成したり **3**、［シェイプ］からシェイプに変換したり **4** するこ
とも可能です。

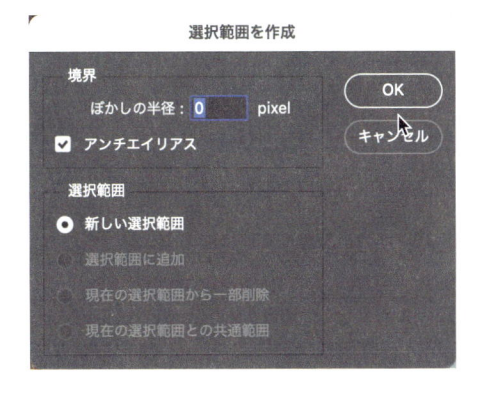 

☑ 横書き文字ツール

カンバスに横書き文字を追加できます。

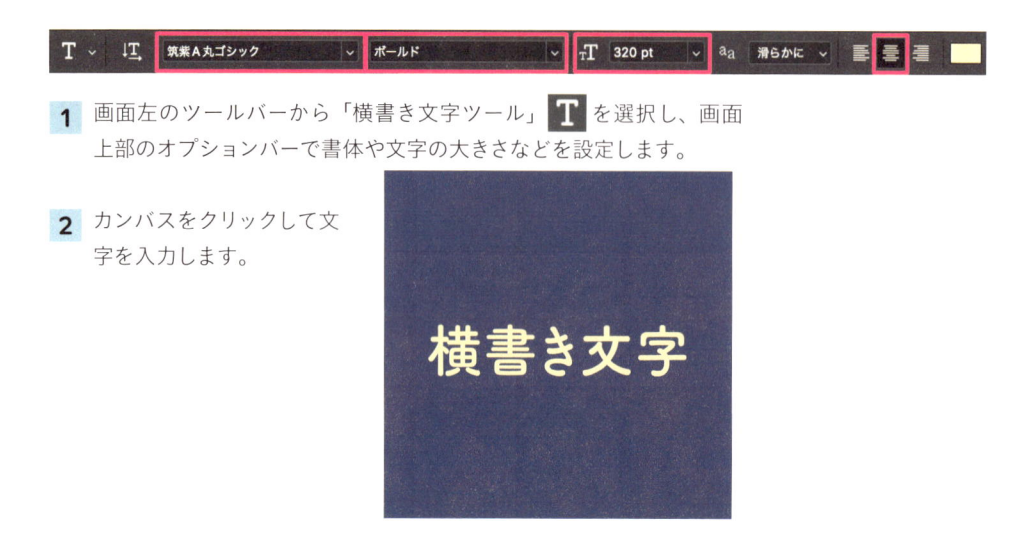

1 画面左のツールバーから「横書き文字ツール」 **T** を選択し、画面
上部のオプションバーで書体や文字の大きさなどを設定します。

2 カンバスをクリックして文
字を入力します。

☑ 縦書き文字ツール

カンバスに縦書き文字を追加できます。

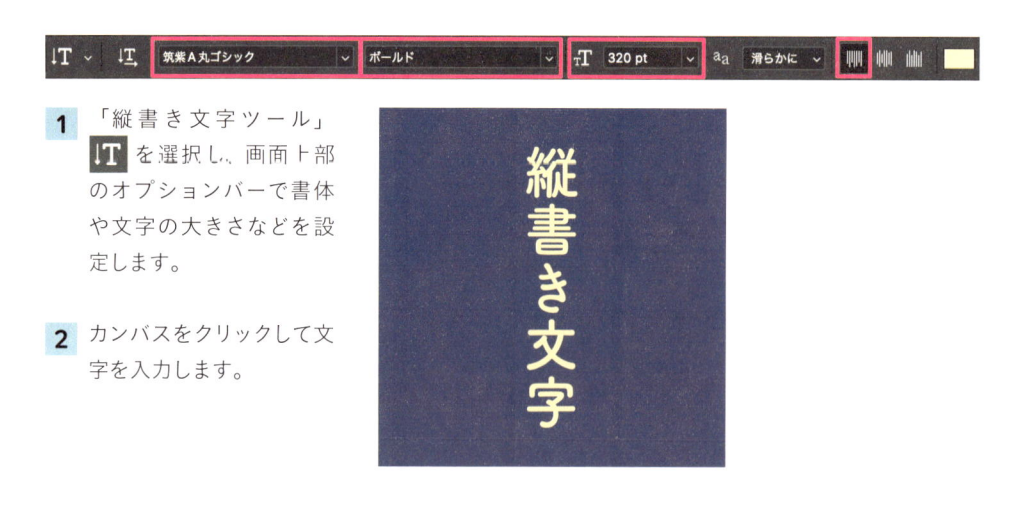

1 「縦書き文字ツール」
↓T を選択し、画面上部
のオプションバーで書体
や文字の大きさなどを設
定します。

2 カンバスをクリックして文
字を入力します。

文字パネルの説明（文字の大きさ、書体、文字間、行間）

1 フォントを検索および選択
2 フォントスタイルを設定
3 フォントサイズを設定
4 行送りを設定
5 文字間のカーニングを設定
6 選択した文字にトラッキングを設定
7 ツメを設定
8 垂直比率
9 水平比率
10 ベースラインシフトを設定
11 テキストカラーを設定
12 アンチエイリアスの種類を設定

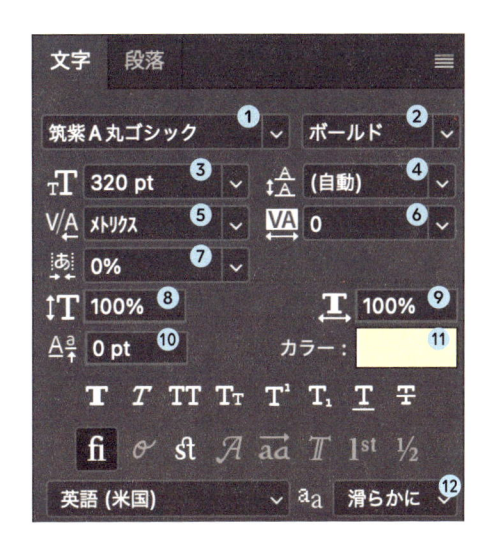

文字の再編集方法

1 「横書き文字ツール」 で文字をクリック、または「レイヤー」パネルで「テキストレイヤー」の「レイヤーサムネイル」をダブルクリックします。

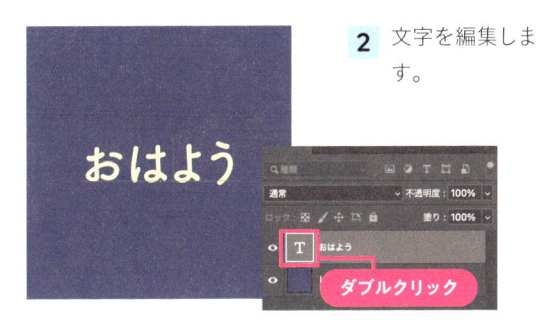

2 文字を編集します。

縦書きを横書きにする

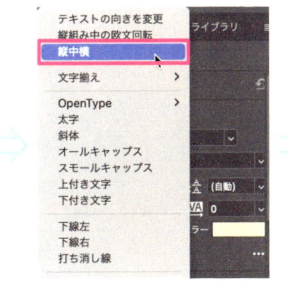

1 「レイヤー」パネルの縦書きで書かれた「テキストレイヤー」を選択します。

2 「文字」パネルのオプションメニューから「縦中横」を選択します。

縦書き文中の算用数字を横書きにする

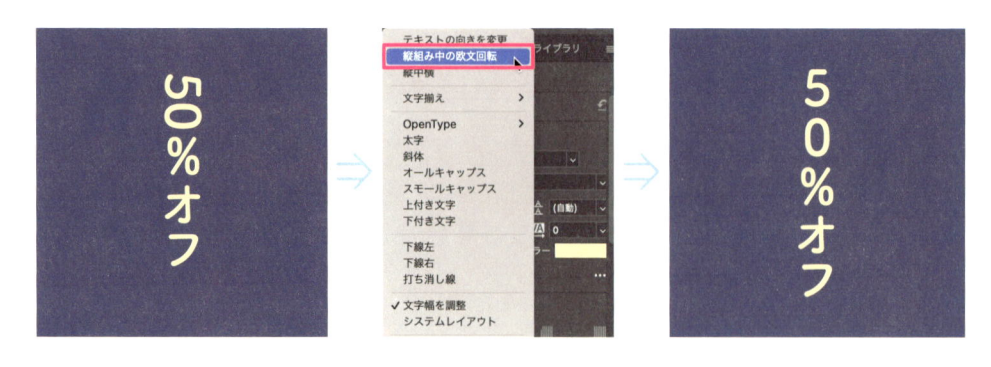

1 「レイヤー」パネルの縦書きで書かれた「テキストレイヤー」を選択します。

2 「文字」パネルのオプションメニューから「縦組み中の欧文回転」を選択します。

☑ **Adobe Fonts について**

Adobe Fontsはアドビ社が提供するフォントサービスです。
アクティベート（フォントの有効化）をするだけでPhotoshopやIllustratorをはじめとするCreative Cloudの各種アプリで使用することが可能です。
日本語フォントもあり、商用利用についてもクリエイターが使いやすい規約になっています。
ただしフォントの増減が不定期にあり、特にフォントがなくなることがあることに注意したうえで活用しましょう。

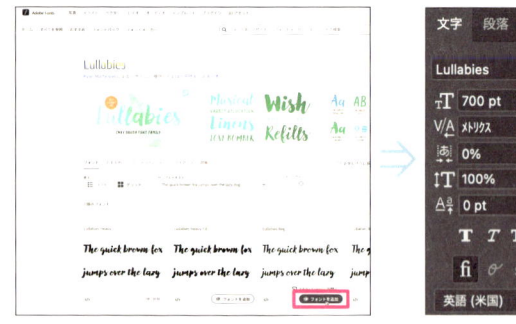

1 Adobe FontsのWebサイトを開きます。
詳細ページで、「フォントを追加」を選択してアクティベートします。

2 Photoshopでフォントを使えるようになります。

ストックフォトを活用する

ストックフォトとは

「ストックフォト」とは、文字通りストックされている写真素材のことです。さまざまな媒体で使用することができ、予算が厳しく新しい写真を撮ることができない、急ぎの仕事で今すぐ素材が必要だ、というときにとても役に立ちます。

ストックフォトを使用するときは、そのサイトの注意書きをよく読み、利用目的がサイトの規約に反していないかよく確認します。

ストックフォトを上手に活用して、さまざまな加工を試してみましょう。

ストックフォトサイトの使い方

バナー制作などで汎用性の高い写真素材の一つである人物の指差し画像を探して、利用するまでの一連の流れをみてみましょう。ここでは、「123RF」(https://jp.123rf.com/) というストックフォトのサイトの使い方をご紹介します。Adobe Stockなど、他のサービスでも使い方に大きな違いはありません。

1 「123RF」のサイト(https://jp.123rf.com/) にアクセスします。
検索バーの左端にある「マジックファインド」ボタン **1** は、AIを活用した検索です。

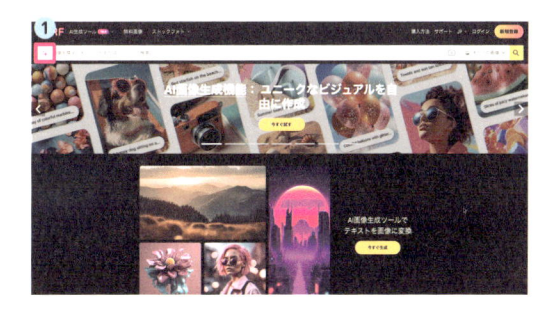

2 AI機能はオンのまま、検索バーに「女性　指差し　スタジオ」と入力して検索します。「スタジオ」は、切り抜きやすいシンプルな背景の人物画像を検索できるキーワードです。

3 検索結果からイメージに近い画像を探して選択します。

4 画像の詳細ページが開きます。下部に「類似したストック画像」が表示されるので、よりイメージに近い画像を探すことが可能です。ここでは、新しい画像を選択します。

5 画像の詳細ページが開きます。モデルリリースを確認し ① 、この画像を使用することに決めます。人物等の画像を使用する場合、モデルリリース（肖像権使用同意書）があるものを選びましょう。
次に、サイズ（M・L・X）から、好きなサイズを選択し ② 、「ダウンロード」をクリックします。ここでは「L」サイズを選択しました。

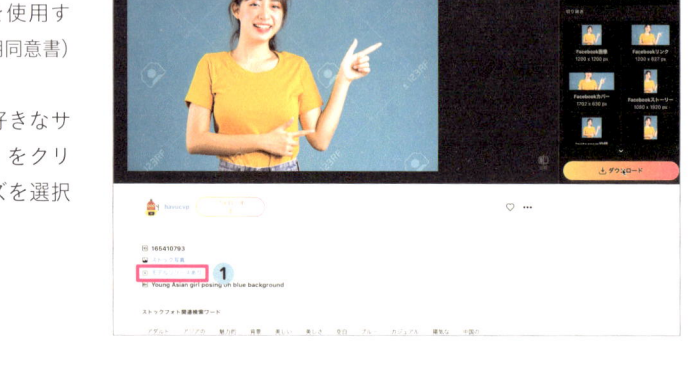

6 利用できる「プランと価格」が表示されます。ここでは1回のみの支払いで終わる手軽な「20チケット」を選択し、《次》をクリックします。

7 支払い情報等を入力して決済を完了後、画像ページよりダウンロードします。購入にはユーザー登録が必要です。

巻末付録

- ●頻出ショートカット一覧
- ●よく使うパネル一覧
- ●ツールバー内のツール一覧

頻出ショートカット一覧

▷ 基本操作

保存	Mac	command + S
	Win	Ctrl + S
終了	Mac	command + Q
	Win	Ctrl + Q
閉じる	Mac	command + W
	Win	Ctrl + W
コピー	Mac	command + C
	Win	Ctrl + C
カット	Mac	command + X
	Win	Ctrl + X
ペースト	Mac	command + V
	Win	Ctrl + V
直前操作の取り消し	Mac	command + Z
	Win	Ctrl + Z

▷ ツールの切り替え

移動ツール	Mac	V
	Win	V
ブラシツール	Mac	B
	Win	B
消しゴムツール	Mac	E
	Win	E
グラデーションツール	Mac	G
	Win	G
テキストツール	Mac	T
	Win	T
なげなわツール	Mac	L
	Win	L
スポイトツール	Mac	I
	Win	I
手のひらツール	Mac	H
	Win	H
ズームツール	Mac	Z
	Win	Z

▷ 画面表示

拡大	Mac	command + +
	Win	Ctrl + +
縮小	Mac	command + −
	Win	Ctrl + −
画面に合わせて表示	Mac	command + 0
	Win	Ctrl + 0
100%表示	Mac	command + 1
	Win	Ctrl + 1
定規の表示／非表示	Mac	command + R
	Win	Ctrl + R

▷ レイヤー関連

レイヤーの作成	Mac	command + shift + N
	Win	Ctrl + shift + N
レイヤーの複製	Mac	command + J
	Win	Ctrl + J
レイヤーをロック	Mac	command + /
	Win	Ctrl + /
表示レイヤーを統合	Mac	command + shift + E
	Win	Ctrl + shift + E
選択するレイヤーを変更	Mac	option + [or]
	Win	Alt + [or]

▷ 選択範囲関連

選択範囲を反転	Mac	command + shift + I
	Win	Ctrl + shift + I
選択範囲の解除	Mac	command + D
	Win	Ctrl + D
再選択	Mac	command + shift + D
	Win	Ctrl + shift + D
全てを選択	Mac	command + A
	Win	Ctrl + A

▷ 編集・文字入力関連

自由変形	Mac	command + T
	Win	Ctrl + T
画像解像度	Mac	command + Option + I
	Win	Ctrl + Alt + I
カンバスサイズ	Mac	command + Option + C
	Win	Ctrl + Alt + C
Camera Raw フィルター	Mac	command + Shift + A
	Win	Ctrl + Shift + A
描画色で塗りつぶし	Mac	Option + delete
	Win	Alt + delete
描画色・背景色の入れ替え	Mac	X
	Win	X
文字の移動	Mac	command + ← or →
	Win	Ctrl + ← or →
文字の選択解除	Mac	Esc
	Win	Esc
文字サイズの変更	Mac	command + Shift + < or >
	Win	Ctrl + Shift + < or >
文字間隔の変更	Mac	Option + ← or →
	Win	Alt + ← or →

よく使うパネル一覧

▷ レイヤー

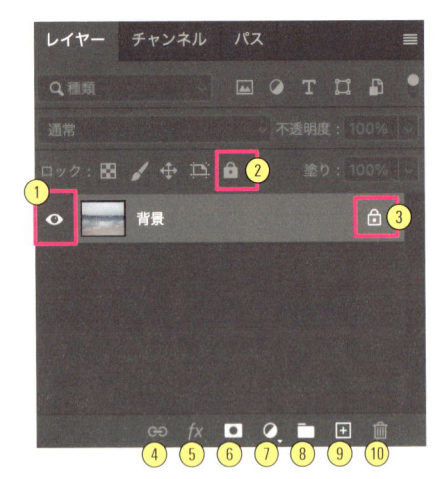

① レイヤーの表示・非表示
② すべての属性をロック
③ レイヤーのロック解除
④ 複数のレイヤーをリンク
⑤ レイヤースタイルを追加
⑥ レイヤーマスク
⑦ 塗りつぶしまたは調整レイヤーを新規作成
⑧ 新規グループを作成
⑨ 新規レイヤーを作成
⑩ レイヤーを削除

▷ カラー

① カラースライダー
　③ の中から選択するモードによって表示される内容は変わる。数値で色を調整できる

② カラースペクトル
　使用したい色を直感的にピックアップできる

③ オプションを表示
　ここで選択した内容がパネル内に反映される

▷ スウォッチ

スウォッチは、カラーパレットのようなもので、最近使用した色や、自分の好みの色を登録しておき、その中からピックアップして描画色などに適用することができます。

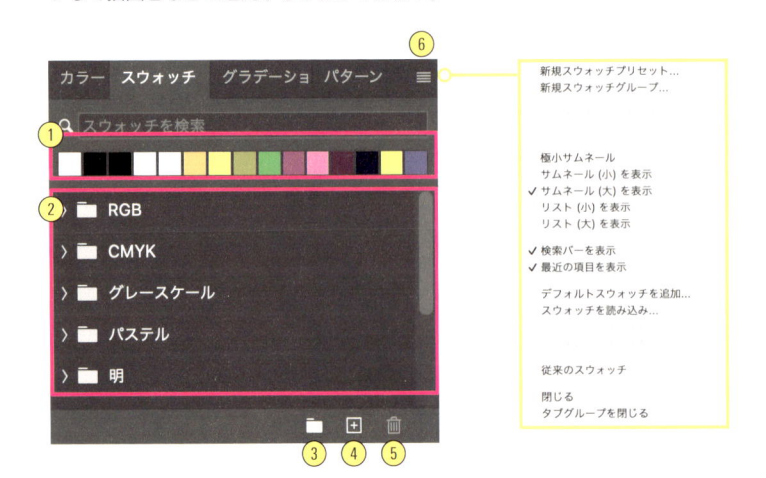

① 最近使用した色
② Photoshopにあらかじめ登録されているスウォッチ
③ 新規グループを作成
④ スウォッチを新規作成
⑤ スウォッチを削除
⑥ オプションを表示
　この中から「従来のスウォッチ」を選択するとより多くのスウォッチグループが②に追加される

▷ 文字

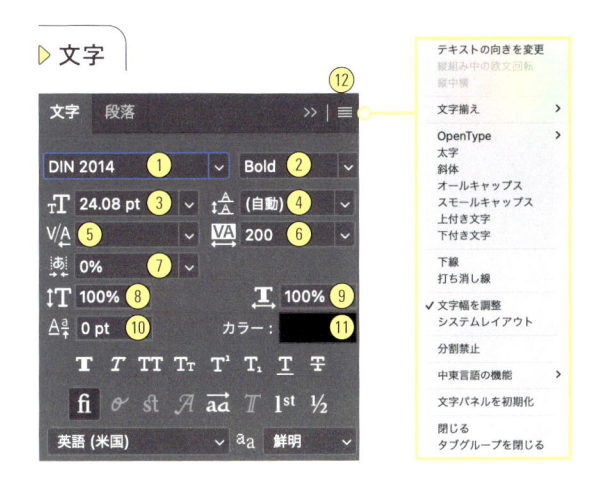

① フォントを検索および選択
② フォントスタイルを設定（フォントの太さなど）
③ フォントサイズを設定
④ 行送りを設定
⑤ 文字間のカーニングを設定（2文字間の間隔）
⑥ 選択した文字にトラッキングを設定（文字列全体の間隔や、文字の両脇の余白の設定）
⑦ ツメを設定
⑧ 垂直比率
⑨ 水平比率
⑩ ベースラインシフトを設定（文字位置の上下）
⑪ カラー（文字色の設定）
⑫ オプションを表示

▷ 段落

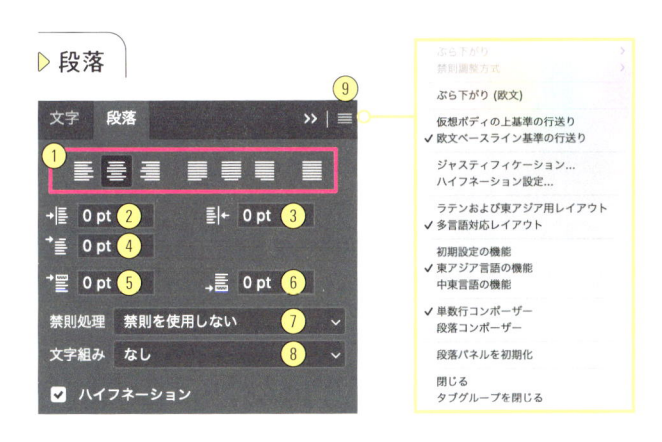

① 行揃えの設定
② 左/上インデント（文字の開始位置の設定）
③ 右/下インデント
④ 1行目左/上インデント
⑤ 段落前のアキ
⑥ 段落後のアキ
⑦ 禁則処理（文頭、文末に置けない文字の規則の設定）
⑧ 文字組み（カッコや句点、読点などの処理の設定）
⑨ オプションを表示

▷ プロパティ

「レベル補正」や「色調・彩度」など「調整レイヤー」の詳細設定を行う場合にはこの「プロパティ」パネルを使用します。適用・編集する「調整レイヤー」等の種類によって表示される内容が自動的に変わります。

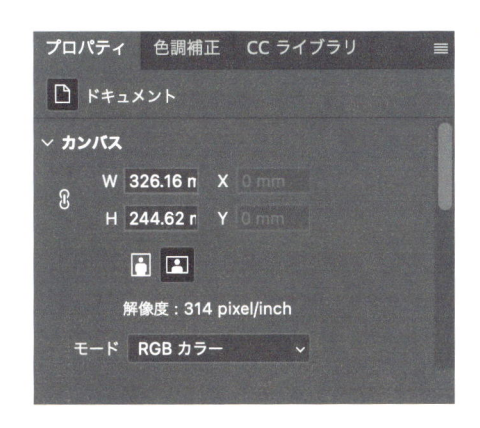

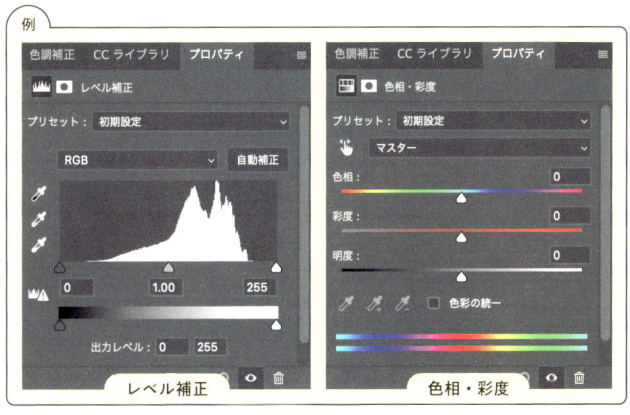

ツールバー内のツール一覧

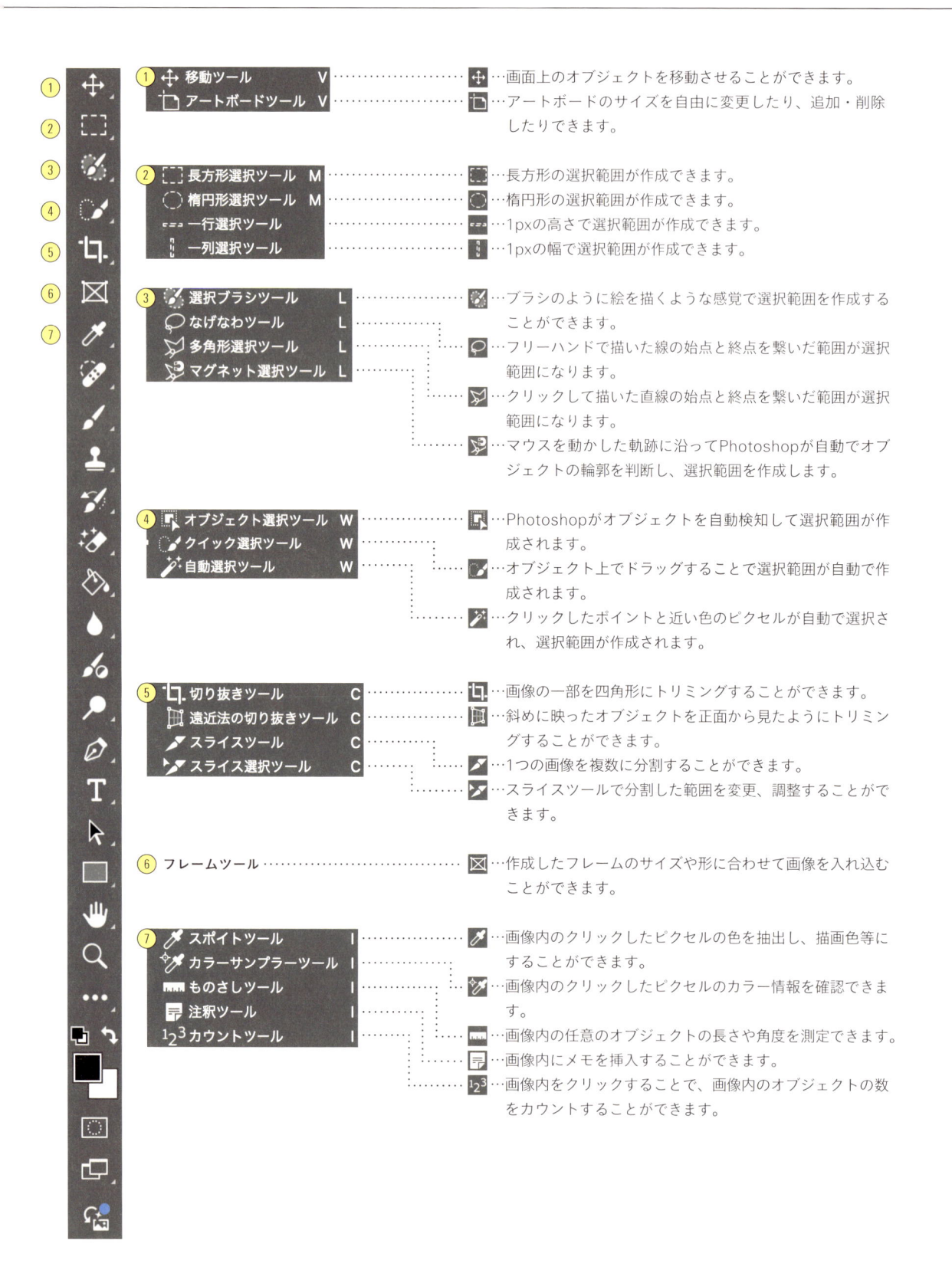

① 移動ツール　V …… 画面上のオブジェクトを移動させることができます。

アートボードツール　V …… アートボードのサイズを自由に変更したり、追加・削除したりできます。

② 長方形選択ツール　M …… 長方形の選択範囲が作成できます。

楕円形選択ツール　M …… 楕円形の選択範囲が作成できます。

一行選択ツール …… 1pxの高さで選択範囲が作成できます。

一列選択ツール …… 1pxの幅で選択範囲が作成できます。

③ 選択ブラシツール　L …… ブラシのように絵を描くような感覚で選択範囲を作成することができます。

なげなわツール　L …… フリーハンドで描いた線の始点と終点を繋いだ範囲が選択範囲になります。

多角形選択ツール　L …… クリックして描いた直線の始点と終点を繋いだ範囲が選択範囲になります。

マグネット選択ツール　L …… マウスを動かした軌跡に沿ってPhotoshopが自動でオブジェクトの輪郭を判断し、選択範囲を作成します。

④ オブジェクト選択ツール　W …… Photoshopがオブジェクトを自動検知して選択範囲が作成されます。

クイック選択ツール　W …… オブジェクト上でドラッグすることで選択範囲が自動で作成されます。

自動選択ツール　W …… クリックしたポイントと近い色のピクセルが自動で選択され、選択範囲が作成されます。

⑤ 切り抜きツール　C …… 画像の一部を四角形にトリミングすることができます。

遠近法の切り抜きツール　C …… 斜めに映ったオブジェクトを正面から見たようにトリミングすることができます。

スライスツール　C …… 1つの画像を複数に分割することができます。

スライス選択ツール　C …… スライスツールで分割した範囲を変更、調整することができます。

⑥ フレームツール …… 作成したフレームのサイズや形に合わせて画像を入れ込むことができます。

⑦ スポイトツール　I …… 画像内のクリックしたピクセルの色を抽出し、描画色等にすることができます。

カラーサンプラーツール　I …… 画像内のクリックしたピクセルのカラー情報を確認できます。

ものさしツール　I …… 画像内の任意のオブジェクトの長さや角度を測定できます。

注釈ツール　I …… 画像内にメモを挿入することができます。

1₂³ カウントツール　I …… 画像内をクリックすることで、画像内のオブジェクトの数をカウントすることができます。

8	スポット修復ブラシツール	J	…	ブラシでなぞった範囲を周りになじませて修復します。
	削除ツール	J	…	AIテクノロジーを使用し、なぞった範囲の不要物を自動で削除します。
	修復ブラシツール	J	…	補修したい箇所に画像内の別の部分をコピーして、周囲となじませ補修します。
	パッチツール	J	…	補修したい箇所を囲み、置き換えたい部分へドラッグすることで補修します。
	コンテンツに応じた移動ツール	J	…	囲んだ範囲内を周囲になじませながら移動したり複製したりできます。
	赤目修正ツール	J	…	フラッシュ等によって目が赤く映った画像の目を補修できます。

9	ブラシツール	B	…	ブラシの種類や太さを設定し、フリーハンドで線を描くことができます。
	鉛筆ツール	B	…	輪郭のはっきりした線をフリーハンドで描くことができます。
	色の置き換えツール	B	…	ブラシでなぞった範囲を「描画色」の色に置き換えることができます。
	混合ブラシツール	B	…	画像内のブラシでなぞった範囲の色や、描画色を絵の具のように混ぜ合わせます。

| 10 | コピースタンプツール | S | … | 画像内のある箇所をコピーして別の場所を塗りつぶすことができます。 |
| | パターンスタンプツール | S | … | マウスを動かした範囲をパターンで塗りつぶすことができます。 |

| 11 | ヒストリーブラシツール | Y | … | 画像の一部だけを編集する前の状態に戻すことができます。 |
| | アートヒストリーブラシツール | Y | … | なぞった範囲に手書きのような効果を適用することができます。 |

12	消しゴムツール	E	…	なぞった部分を消すことができます。
	背景消しゴムツール	E	…	選択した色と同じ色を削除することで被写体を残すことができます。
	マジック消しゴムツール	E	…	クリックした箇所と似ている色を一度に削除します。

| 13 | グラデーションツール | G | … | 画像内に任意の色のグラデーションを適用できます。 |
| | 塗りつぶしツール | G | … | クリックした箇所に近接している似た色の箇所を描画色で塗りつぶします。 |

14	ぼかしツール		…	クリックしてマウスを動かした範囲をぼかすことができます。
	シャープツール		…	クリックしたままマウスを動かした箇所をシャープにすることができます。
	指先ツール		…	クリックしたままマウスを動かした箇所をにじませることができます。

| 15 | 調整ブラシツール | | … | ブラシでなぞった範囲の明るさや色調を調整できます。 |

⑯ 覆い焼きツール　O　ブラシで塗った箇所を部分的に明るくすることができます。
焼き込みツール　O　ブラシで塗った箇所を部分的に暗くすることができます。
スポンジツール　O　ブラシで塗った箇所の彩度を部分的に変更できます。

⑰ ペンツール　P　ハンドルとアンカーポイントを使いながらパスを描写します。
フリーフォームペンツール　P　フリーハンドの線を自動的にパスに変換します。
コンテンツに応じたトレースツール　P　画像の境界線を自動で検知してパスを描写できます。
曲線ペンツール　P　ハンドルを操作せず、曲線のパスを描写できます。
アンカーポイントの追加ツール　パス内にアンカーポイントを追加できます。
アンカーポイントの削除ツール　パス内の不要なアンカーポイントを削除できます。
アンカーポイントの切り替えツール　すでに描かれているアンカーポイント上の方向線を変更、削除できます。

⑱ 横書き文字ツール　T　画像内に横書きの文字列を追加します。
縦書き文字ツール　T　画像内に縦書きの文字列を追加します。
縦書き文字マスクツール　T　縦書きの文字列を入力し、そのテキストを選択範囲に変更できます。
横書き文字マスクツール　T　横書きの文字列を入力し、そのテキストを選択範囲に変更できます。

⑲ パスコンポーネント選択ツール　A　パスで描かれている図形を選択し、移動や変形が行えます。
パス選択ツール　A　特定のアンカーポイントだけを選択して移動や編集が行えます。

⑳ 長方形ツール　U　長方形の図形を描くことができます。
楕円形ツール　U　円形の図形を描くことができます。
三角形ツール　U　三角形の図形を描くことができます。
多角形ツール　U　頂点の数を指定して多角形の図形を描くことができます。
ラインツール　U　直線を描くことができます。
カスタムシェイプツール　U　あらかじめ登録されているシェイプを挿入したり、任意のシェイプを追加して画面に挿入することができます。

㉑ 手のひらツール　H　表示されている範囲を移動できます。
回転ビューツール　R　カンバスの角度を自由に回転させることができます。

㉒ ズームツール　画像表示の倍率を大きくしたり小さくしたりすることができます。

㉓ 描画色と背景色の色の設定が行えます。

㉔ クイックマスクモードで編集　黒いブラシで塗った範囲を選択範囲にできます。

㉕ 標準スクリーンモード　F
メニュー付きフルスクリーンモード　F　画面表示のモードを切り替えることができます。
フルスクリーンモード　F

INDEX 索引

執筆

中田麻里絵 ······ PART1 CHAPTER1,2,3　PART2 GUIDE1,2,3,6
コネクリ ······ PART1 CHAPTER4,5,6 PART2 GUIDE4,5,7,8,9

中田 麻里絵

大手教育系企業にて編集・マーケティングの業務に従事するなかで、グラフィックデザインの世界に興味を持つ。学びを深めたのち、フリーランスのグラフィックデザイナー・編集者へと転身。オンライン学習プラットフォーム「Udemy」にて講師を務めるPhotoshop・Illustratorの講座の受講生は述べ1万人を超える。

コネクリ

ウェブデザイナーとしてスタートして、スマートフォンの台頭によりUI/UX・ゲームデザインを担当。現在はインハウス寄りのアートディレクター兼デザイナー。自社・受託ともにウェブ・アプリ・グラフィック・ゲームの実績多数。SNSや個人サイト（CONNECRE）にて、Photoshop・Illustrator・Fireflyの作例を発信中！

STAFF

[装丁・本文デザイン] …松本 歩（細山田デザイン事務所）
[イラスト] …とみながしんぺい
[編集・DTP] …AYURA

[編集長] …後藤憲司
[副編集長] …塩見治雄
[担当編集] …田邊愛也奈

作りたい！からはじめる
気ままにフォトショ+Photoshop基本ガイド付き

2024年9月21日 初版第1刷発行

[著者]　中田麻里絵、コネクリ
[発行人]　諸田泰明
[発行]　株式会社エムディエヌコーポレーション
　　　　〒101-0051
　　　　東京都千代田区神田神保町一丁目105番地
　　　　https://books.MdN.co.jp/
[発売]　株式会社インプレス
　　　　〒101-0051
　　　　東京都千代田区神田神保町一丁目105番地
[印刷・製本]　中央精版印刷株式会社

●内容に関するお問い合わせ先
株式会社エムディエヌコーポレーション カスタマーセンター メール窓口

info@MdN.co.jp

本書の内容に関するご質問は、Eメールのみの受付となります。メールの件名は「気ままにフォトショ　質問係」、本文にはお使いのマシン環境（OS・アプリケーションのバージョンなど）をお書き添えください。電話やFAX、郵便でのご質問にはお答えできません。ご質問の内容によりましては、しばらくお時間をいただく場合がございます。また、本書の範囲を超えるご質問に関しましてはお答えいたしかねますので、あらかじめご了承ください。

定価はカバーに表示してあります。

【カスタマーセンター】
造本には万全を期しておりますが、万一、落丁・乱丁などがございましたら、送料小社負担にてお取り替えいたします。お手数ですが、カスタマーセンターまでご返送ください。

落丁・乱丁本などのご返送先
〒101-0051
東京都千代田区神田神保町一丁目105番地
株式会社エムディエヌコーポレーション
カスタマーセンター
TEL：03-4334-2915

書店・販売店のご注文受付
株式会社インプレス　受注センター
TEL：048-449-8040／FAX：048-449-8041

ISBN978-4-295-20678-1　C3055